高等院校学前教育专业系列教材

# 学前儿童心理学

主　编　周宜楠

副主编　谢蕾蕾　李海萍

　　　　王　蕊　陈　柳

参　编　徐艳梅　黄丽琳

西安电子科技大学出版社

## 内 容 简 介

本书包括学前儿童心理概述、学前儿童心理发展的基本理论、学前儿童心理发展一般规律、学前儿童感知觉和观察力的发展、学前儿童动作与意志的发展、学前儿童的注意、学前儿童的记忆、学前儿童的想象、学前儿童的思维、学前儿童的言语、学前儿童的情绪与情感、学前儿童个性的发展、学前儿童社会性的发展共十三章内容。通过本书，读者可以全面了解和掌握学前儿童心理发展的一般规律，培养科学的儿童观和教育观。

本书可作为高校学前教育专业的教材，也可作为社会人士、学前教育从业者的参考用书。

**图书在版编目(CIP)数据**

学前儿童心理学 / 周宜楠主编 . -- 西安：西安电子科技大学出版社，2024.6
ISBN 978-7-5606-7283-0

Ⅰ.①学⋯　Ⅱ.①周⋯　Ⅲ.①学前儿童—儿童心理学—高等学校—教材　Ⅳ.①B844.12

中国国家版本馆 CIP 数据核字 (2024) 第 103453 号

策　　划　李鹏飞　李　伟
责任编辑　李鹏飞
出版发行　西安电子科技大学出版社 ( 西安市太白南路 2 号 )
电　　话　(029)88202421　88201467　　　　邮　　编　710071
网　　址　www.xduph.com　　　　　　　　电子邮箱　xdupfxb001@163.com
经　　销　新华书店
印刷单位　陕西天意印务有限责任公司
版　　次　2024 年 6 月第 1 版　2024 年 6 月第 1 次印刷
开　　本　787 毫米 × 1092 毫米　1/16　印张 11.75
字　　数　256 千字
定　　价　43.00 元
ISBN 978-7-5606-7283-0 / B

XDUP 7585001−1

*** 如有印装问题可调换 ***

# 前　言

“学前儿童心理发展”是学前教育专业的必修课和核心课程。通过该课程的学习，学生能够树立科学的儿童观、教育观、课程观和教师观，初步掌握学前儿童教育必需的基本技能，获得学前儿童教育教学必需的综合应用能力。

本书是在《中共中央国务院关于学前教育深化改革规范发展的若干意见》《幼儿园教师专业标准（试行）》《幼儿园教育指导纲要（试行）》《3～6岁儿童学习与发展指南》和国家对学前儿童教师实行法定职业许可制度等精神指导下，针对“学前儿童心理发展”课程编写的。本书立足当前学前教育的发展形势，以学前儿童教师资格考试的实际需要为基础，本着实用、适用、好用的原则，全面系统地阐述学前儿童心理发展的基础知识和基本理论，深入浅出地解读儿童在成长和发展过程中的基本规律和发展特点，并有针对性地提出科学的教育、引导策略。

本书具有以下特色：

● 坚持立德树人的正确思想导向

本书在编写过程中，通过将课程内容与思政教育灵活巧妙地结合，以润物细无声的方式，引导学生树立正确的三观（世界观、人生观、价值观），树立为社会主义事业奋斗的理想信念。

● 有较强的针对性

本书在编排上尊重学生的学习规律和实际学习水平，在编写体例上强调案例的运用，注重将系统性、理论性和实践性、操作性相结合，兼顾学生的学习兴趣和实际能力。

● **有较强的实用性**

　　本书在每章前面都设置了场景呈现、学习目标、知识框架，便于学生自学以及对知识结构的梳理；同时，每章都围绕难点设置了本章考点、课后习题，以便学生及时巩固所学知识，踏实学好每一章知识。

　　本书在编写过程中参考了大量的文献资料，在此，向各位作者致以诚挚的谢意！

　　因编者水平有限，书中难免存在不足之处，敬请广大读者批评指正。

编　者

2023 年 11 月

# 目 录

# 第一章

# 学前儿童心理概述

## 场景呈现

浩浩今年 3 岁，最近他的很多行为让家里人难以理解。吃东西他只要"大"的，被掰开的饼干不吃，切开的苹果不吃，一半的面包也不吃，非要吃一整个。椅子要放在固定的位置，如果别人动了一下，他就会表现出歇斯底里的愤怒……浩浩这是怎么了？

## 学习目标

1. 了解学前儿童心理学的研究对象和内容；
2. 能举例说明学习学前儿童心理学的意义。

## 知识框架

学前儿童心理概述
- 学前儿童心理学的研究对象和内容
  - 学前儿童心理学的研究对象
  - 学前儿童心理学的研究内容
    - 学前儿童心理发展的特点
    - 学前儿童心理发展的理论
    - 学前儿童心理发展的培养
- 学前儿童心理学的任务和意义
  - 学前儿童心理学的任务
    - 阐明学前儿童心理的特征和各种心理过程的发展趋势
    - 揭示学前儿童心理发展的原因、影响因素和机制
  - 学前儿童心理学的意义
    - 探索学前儿童心理发生和发展的规律，丰富和充实儿童心理发展理论体系，促进心理科学的发展
    - 为有关学前儿童的实际工作提供科学依据
- 学前儿童心理学的研究方法
  - 观察法
    - 观察法的一般过程
    - 观察法的优缺点
  - 调查法
    - 当面访问
    - 书面调查
  - 实验法
    - 实验室实验法
    - 自然实验法(现场实验)
  - 测验法
  - 作品分析法

## 第一节　学前儿童心理学的研究对象和内容

### 一、学前儿童心理学的研究对象

学前儿童心理学是研究从初生到入学之前儿童心理发生、发展特点及其规律的科学，是发展心理学的一个分支学科。发展心理学是研究个体从受精卵开始到出生乃至衰老的生命全程中心理发生、发展的特点和规律的学科，研究的特征主要包括两个部分：人的认知过程发展，如感觉、知觉、记忆、想象、言语、思维等；人的社会性发展，如动机、兴趣、情感、自我意识、能力、性格等。

在发展心理学中，对人生前18年各时期的划分虽然不尽相同，但一般将其划分为以下几个阶段：新生儿期(出生至1个月)、乳儿期(1个月至1岁)、婴儿期(1～3岁)、幼儿期(3～6岁)、童年期(6～12岁)、少年期(12～15岁)、青年早期(15～18岁)。

心理学和教育学领域对"学前儿童"概念的界定也并不完全一致，通常有广义和狭义之分。广义的学前儿童指的是0～6岁上小学前的儿童。狭义的学前儿童是指3～6岁的儿童，即幼儿期的儿童，这些儿童正处于幼儿园教育阶段，其中，3～4岁为幼儿园小班阶段，4～5岁为幼儿园中班阶段，5～6岁为幼儿园大班阶段。本书研究的主要对象是狭义的学前儿童，即以研究3～6岁儿童的心理特征为主，部分内容也会涉及3岁以下儿童的心理。

学前期是个体心理发展最重要的时期之一，也是个体许多心理特质和能力发展的关键期。

### 二、学前儿童心理学的研究内容

#### (一) 学前儿童心理发展的特点

学前儿童心理学研究学前儿童认识能力的特点，情绪、情感、意志等心理过程中出现的特点，学前儿童个性心理特征形成与发展的特点，以及注意、言语、智力、社会性等方面的特点。

#### (二) 学前儿童心理发展的理论

正确的发展理论可以指导学前教育实践，有效促进学前儿童心理健康发展。学前儿童心理学阐明学前儿童心理发展的基本概念，心理现象或心理活动的发生、发展和变化规律，揭示制约学前儿童心理发展的因素，分析国内外具有影响力的有关学前儿童心理发展的各种理论和学说等。

### （三）学前儿童心理发展的培养

学前儿童心理学根据学前儿童心理发展的规律和影响因素提出进一步发展个体心理的途径和方法，并进行针对性的训练和教育，使学前儿童的心理得到健全发展，并为顺利进入下一发展阶段做好准备。

# 第二节　学前儿童心理学的任务和意义

## 一、学前儿童心理学的任务

### （一）阐明学前儿童心理的特征和各种心理过程的发展趋势

学前儿童心理学的任务之一是阐明学前儿童心理变化的基本规律，包括各种心理现象发生的时间、出现的顺序和发展的趋势，以及随着年龄的增长，学前儿童各种心理活动所出现的变化和各个年龄阶段心理发展的主要特征，即在学前儿童心理发展的每一个年龄阶段表现出来的一般的（带有普遍性的）、典型的（具有代表性的）、本质的（体现出特定性质的）特征。

学前儿童的心理发展非常迅速，在每一个年龄阶段心理发展都表现出异于其他年龄阶段的特点。这些特点一方面具有阶段性，明显地反映出初始阶段的特点；另一方面又有持续性，对人的终身发展具有某种后效作用。

各种心理过程都有其发生和发展的规律和趋势，以及这些发展对认知最终形成的作用。因此学前儿童心理学要揭示不同年龄阶段学前儿童心理发展的规律，揭示其心理发展的顺序性、阶段性、稳定性等特征。

### （二）揭示学前儿童心理发展的原因、影响因素和机制

学前儿童心理学的任务之二是揭示学前儿童心理发展的原因和机制，阐述影响学前儿童心理变化的因素以及这些影响因素是如何制约心理的发生和发展的，研究学前儿童心理发展的条件。这一任务有利于我们更好地根据学前儿童心理发展变化的原因和机制有针对性地调控相关因素并因材施教，使学前教育适宜儿童发展。这一任务要回答以下问题：

(1) 遗传和环境在学前儿童心理发展中的关系；

(2) 学前儿童心理发展的动力；

(3) 学前儿童心理发展的量变与质变、连续性发展和阶段性发展的关系。

学前儿童心理学的两大任务是相互联系的，也是不可分割的。任务一阐明了学前阶段

儿童的心理发展，即"是什么样子的"，而任务二解释了学前儿童心理的发展变化，即"为什么是这样的"。任务一是基础性的，任务二是本质性的。因为只有完成任务一，我们才有认识学前儿童的可能，才能进一步真正掌握学前儿童心理发展的本质规律；而只有完成任务二，才能有效地促进和预测学前儿童心理和行为的变化。

## 二、学前儿童心理学的意义

### （一）探索学前儿童心理发生和发展的规律，丰富和充实儿童心理发展理论体系，促进心理科学的发展

科学儿童心理学诞生于 19 世纪后半叶。1882 年，德国生理学家和实验心理学家普莱尔 (William Thierry Preyer) 出版了《儿童心理》一书，这标志着儿童心理学的诞生。儿童心理学自诞生以来，无数的学者运用各种研究方法搜集儿童心理发展的基本事实，归纳和揭示了儿童期心理发展的基本规律，总结出各种儿童心理发展的理论，促进了儿童心理学的发展。

由于理论和研究方法的制约，0～6 岁学前儿童心理的研究一直是个薄弱环节。当代发展心理学的研究成果越来越清晰地表明，学前儿童具有出乎意料的心理能力，而且生命最初阶段对今后心理发展有重要影响。因此，学习学前儿童心理学能使我们正确认识学前儿童的心理特点，从而帮助我们认识人类意识的起源。研究学前儿童心理与脑、环境 ( 包括教育 ) 的关系，研究儿童动作发展和各种活动与思维发展之间的联系，充分认识学前儿童心理发生、发展的过程和规律，对认识人类心理 ( 或称意识 ) 的重要性是显而易见的。

### （二）为有关学前儿童的实际工作提供科学依据

#### 1. 有助于幼儿园科学开展保教工作、促进教师专业成长

《幼儿园教师专业标准 ( 试行 )》提出，教师应具备"幼儿为本"的基本理念，遵循学前儿童身心发展特点，提供适合的教育。学前儿童具有身心的特殊性，相应的保育和教育必须适应他们的水平和需要。通过学习学前儿童心理学，能够了解不同年龄阶段学前儿童身心发展的特点、规律，掌握促进学前儿童全面发展的策略与方法，了解学前儿童的发展需要，提供更加适宜的帮助和指导，促进学前儿童养成良好的思想品德和行为习惯，同时有助于教师自身形成正确的儿童观和教育观，促进专业成长。

#### 2. 有助于形成良好的家庭教育环境

家庭教育对人的终身发展发挥着奠基的作用，从孕育生命开始，父母所具有的知识经验及其态度和行为都有可能影响儿童以后的生长发育。学习学前儿童心理学有助于帮助家长了解儿童的心理发展的表现和原因，提高学前儿童家庭教育的科学性，形成良好的亲子关系。当面对诸如如何防止学前儿童产生心理问题、当学前儿童出现不良行为习惯时如何解决、如何帮助学前儿童形成良好的性格等问题时，学习学前儿童心理学

可以丰富家长的知识并提供实践指导，从而帮助父母更好地养育子女，促进儿童健康成长。

### 3.为学前儿童社会工作者提供科学依据

学前儿童社会工作者除了要学习与专业相关的学科，还要学习诸如学前儿童心理学等基础学科。学前儿童心理学研究个体心理现象的发生和个体心理早期阶段的发展，具体说明外界环境对儿童心理发展的作用、各种心理现象产生和发展变化的条件。这些研究可以为学前儿童心理咨询、广播电视节目、服装设计、文学创作和玩具制造、食品的开发和调配等提供相关的科学依据。比如作为学前儿童医务工作者，不但要学习医学方面的知识，同时还要具备学前儿童心理学方面的知识，这样才能在工作中更好地为儿童服务。

## 第三节　学前儿童心理学的研究方法

"学前儿童的攻击性与父母的处罚方式有关系""电视看太多会影响学前儿童智力的发展""女孩比男孩更敏感"……这样的言论正确吗？如何获得比较准确的解释？

要回答这些问题，就需要用到适合的研究方法。我们主要可以通过观察法、调查法、实验法、测验法和作品分析法等来收集相应的资料，获得学前儿童在该问题上的行为表现，为研究提供事实基础。

## 一、观察法

观察法是指在自然存在的条件下，通过自身的感觉器官或借助科学仪器，有目的、有计划地对自然现象或社会现象进行观察，收集和分析感性资料的一种方法。

所谓自然存在的条件，是指对观察对象不加控制、不加干预、不影响其常态；"有目的、有计划"是指根据科学研究的任务，对观察对象、范围、条件和方法作明确的选择，而不是盲目地观察。

观察法是研究学前儿童心理的基本方法，也是学前教育教师最常用、最实用的研究方法。观察内容主要是学前儿童在日常生活、游戏、学习和劳动中的表现，包括语言、表情和行为，并根据观察结果分析学前儿童心理发展规律和特征。

### （一）观察法的一般过程

观察法的一般过程可分为准备、实施观察、整理观察资料并撰写观察报告三个阶段，具体步骤包括：明确观察目的，选择观察对象；制订观察计划；做好物质准备；实施观察并进行观察记录；整理观察资料，撰写观察报告。

### 1. 准备阶段

做好观察前的准备工作是进行观察的基础，准备工作的好坏是影响观察成败的关键之一。准备工作包括三项内容：明确观察目的、制订观察计划、做好物质准备。有的观察还需要借助仪器或印制观察记录表格，这些都要事先备好。

### 2. 实施观察阶段

要按照观察计划确定的内容实施观察，如出现未考虑到的因素，应对计划做适当的调整，并将一切可能对研究产生影响的现象认真、及时、客观地记录下来。

### 3. 整理观察资料，撰写观察报告

观察结束之后，要对记录材料进行整理和分析，并撰写观察报告。一般来说，在综合实践活动过程中仅借助观察法不能完成对一个主题活动的研究，通过观察收集的资料常常要与其他研究方法获得的信息汇总后，才能提出观点并加以阐述。

### （二）观察法的优缺点

观察法的优点：第一，通过观察，可以直接获得资料，不需其他中间环节，比较方便、易行；第二，在自然状态下的观察，获得的资料和信息比较生动、真实；第三，观察具有及时性的优点，能捕捉到正在发生的现象。

观察法的缺点：第一，受时间的限制；第二，受观察对象的限制，有些内容不容易观察到；第三，受观察者本身的限制，一方面人的感官有生理限制，超出限度就很难直接观察，另一方面，观察结果也会受到主观意识的影响；第四，观察者不能直接观察到事物的本质和人们的思想意识。

## 二、调查法

调查法是通过当面访问（访谈）或书面调查等方法，对学前儿童心理发展现象进行有计划、系统的了解和考察，并对所收集到的资料进行统计分析或理论分析的一种研究方法。

### （一）当面访问

当面访问既可以是个别访问，也可以是座谈会，两种形式各有优劣。个别访问有利于深入了解情况，而座谈会则有利于集体讨论研究，相互补充情况。对学前儿童的家长一般采用个别访问，对托儿所和幼儿园的教师则可以采用个别访问或座谈会相结合的方法。

当面访问要注意以下几条原则。

(1) 讲究谈话的艺术。尽量采用讲故事、谈体会的方式或自由发言的漫谈方式等灵活多样的方式，切忌每次谈话都是同一个模式，因为采用同一模式容易使孩子感到乏味，不愿与你坦诚交流。

(2) 创造良好的心理氛围。在学前儿童心情好的时候，比如带学前儿童逛商店的时候、与其共进晚饭以及郊游的时候，都可以进行谈话。

(3) 学会倾听。要能耐心和学前儿童谈话，特别是在与低龄段学前儿童谈话时，要尽

量用儿童化语言，通俗易懂，避免使用生僻的词汇和专业术语。

(4) 选取恰当的谈话时机。一方面要尊重学前儿童的独立性，另一方面要努力消除与学前儿童的心理距离，比如更多地关心学前儿童的内心感受，了解学前儿童所追求的新事物，积极寻找与他们的共同语言。

(5) 做好谈话笔记。

### （二）书面调查

书面调查也叫问卷法，是指调查者将事先设计好的问卷（调查提纲或询问表）交给被调查者，让其在规定的时间内完成答卷，然后由调查者收回，进行统计汇总以获取所需调查资料的调查方法。

问卷法的关键是根据调查目的设计好问卷，要求问题具体、重点突出，能准确地记录和反映被调查者的真实情况。

问卷法的优点：省时、省力、匿名性强，可以在较短时间内获得大量资料，所得资料便于统计，较易得出结论。

问卷法的缺点：调查质量难以保证，同时被调查者需要有一定的文化水平。此外，儿童心理的复杂情况，有时难以从问卷题目上充分反映出来。

## 三、实验法

实验法是一种有计划、有控制的观察。研究者根据一定的研究目的，拟定周密的实验步骤并实施，把与研究无关的因素控制起来，让被研究者在一定的条件下引发出某种行为，从而研究一定条件与某种行为之间的因果关系。实验法分为实验室实验法和自然实验法。

### （一）实验室实验法

1879 年，冯特在德国莱比锡大学创立第一个心理学实验室，标志着心理学作为一门科学的诞生。实验法是普通心理学研究中常见的一种方法。

实验法是人为地控制和改变一定的条件以引起被试者的某种心理现象并加以研究的方法。由实验者操纵的变量叫自变量（实验变量），由实验变量引起的特定反应叫应变量，实验过程中需要加以控制、与实验目的无关但可能影响实验结果的叫无关变量。

实验法的优点：控制较严格，结果较准确，可以重复实验。

实验法的缺点：存在情景效应，可能与实际生活中的心理现象有差异。

### （二）自然实验法

自然实验法又称现场实验，是指在自然环境下，有目的地创设一定条件以引起某种心理现象并加以研究的方法，如皮格马里翁效应、街角的从众实验等。自然实验法的优点在于实验结果较客观，缺点在于花费较大，变量和结果较难分析，情景也较难控制。

## 四、测验法

测验法是根据一定的测验项目和量表来了解儿童心理发展水平的方法。测验主要用于查明儿童心理发展的个别差异，也可用于了解不同年龄心理发展的差异。常用的测验法包括动作技能测验、智力测验、语言能力测验、个性测验等，不同的测验法都需要使用测验量表。

一般来说，运用测验量表是为了确保测验时所提供刺激的严格一致性。编制测验量表需要经过"标准比"过程，即制定固定的测验题目、确定好测验程度、选择好用具和计分方法，从大量数据中取得年龄常模。对学前儿童进行测验时，把被测学前儿童的测验得分与常模相比，可得出表示其发展水平的分数。

国际上已有一些较好的学前儿童发展测验量表，如格塞尔成熟量表(1938)、贝利婴儿发展量表(1969)、韦克斯勒学前和小学智力量表(1967)等。我国早在1924年就有陆志韦修订的《中国比纳西蒙智力测验》，1936年进行了第二次修订，1982年吴天敏进行了第三次修订，该修订版名为《中国比内测验》。

对学前儿童的测验应注意：第一，对学前儿童的测验一般都是用个别测验，不宜用团体测验；第二，测验人员须经过专门训练；第三，不可仅以任何一次测验的结果作为判断某个学前儿童发展水平的依据。

测验法的优点：简便，在较短时间内能够粗略了解学前儿童的发展状况。

测验法的缺点：不能单独作为评判依据，必须与其他方法配合使用。

## 五、作品分析法

作品分析法是通过分析儿童的作品，如手工、图画、泥塑、折纸、舞蹈、创作的故事、儿歌以及游戏中的积木建筑等，了解学前儿童的心理发展情况的方法。

由于学前儿童在创造活动过程中，往往用语言和表情去辅助或补充作品所不能表达的思想，因此，对学前儿童作品的分析最好是结合观察和测验进行。脱离学前儿童的创造过程来分析作品，难以充分了解其心理活动。

通常，研究者从学前儿童的艺术作品中分析学前儿童的心理特点。婴儿的涂鸦、幼儿早期的绘画也是值得分析的作品。

总之，研究学前儿童心理，往往采取综合方法。应根据不同的研究目的和课题以及研究的具体条件，综合运用上述各种研究方法。

▶▶ ⦿ **本章考点** ·············································

### 1. 名词解释

(1) 观察法；(2) 作品分析法。

2. 简答

(1) 学前儿童心理学的研究任务是什么？

(2) 为什么要研究学前儿童心理学？

## ▶▶ 🎙 课后习题

### 一、选择题

1. 广义的"学前儿童"是指 (　　) 的儿童。

A. 0～3 岁　　　　　　　　　B. 1～3 岁

C. 3～6 岁　　　　　　　　　D. 0～6 岁

2. 标志着科学儿童心理学诞生的书籍《儿童心理》的作者是 (　　)。

A. 普莱尔　　　　　　　　　B. 皮亚杰

C. 维果斯基　　　　　　　　D. 华生

3. 观察法是调查者到现场利用 (　　) 来搜集被调查者行为表现及有关信息资料的方法。

A. 感官　　　　　　　　　　B. 仪器

C. 录像机　　　　　　　　　D. 感官或仪器

4. 教师通过对学前儿童的绘画作品、手工作品、续编故事情节等进行分析来了解儿童的想象力，这属于 (　　)。

A. 观察法　　　　　　　　　B. 调查法

C. 实验法　　　　　　　　　D. 作品分析法

### 二、简答题

你认为除幼教工作者外，还有哪些与学前儿童相关的行业需要了解学前儿童心理学？

### 【开放式问答】

有家长认为：私立幼儿园课程新颖，还有外教，比公立幼儿园好。说说你的看法。

### 【德育角】

2022 年 3 月 30 日，习近平在参加首都义务植树活动时叮嘱孩子们要德智体美劳全面发展，不能忽视"劳"的作用，要从小培养劳动意识、环保意识、节约意识，勿以善小而不为，从一点一滴做起，努力成长为党和人民需要的有用之才。

# 第二章

# 学前儿童心理发展的基本理论

## 场景呈现

故事 1：幼儿园老师组织小班幼儿玩耍，给每个幼儿都提供了玩具。丽丽看到果果在玩一个漂亮的小汽车，她也想要那个漂亮的小汽车。但是小汽车只有一个，老师又给她拿了一个可爱的小玩偶，她不要，她非要果果手里那个小汽车。

故事 2：可可今年 5 岁了，脑子有许多天马行空的问题，他每天都要拉着爸爸妈妈问"这是什么？""那是什么？"他不光问"是什么"还要问"为什么"。

思考：故事 1 和故事 2 反映了不同年龄段儿童心理的什么特点？

## 学习目标

1. 掌握学前儿童心理发展主要流派的观点；
2. 能运用各流派理论解释学前儿童心理发展过程中的有关现象并解决相关问题；
3. 了解影响学前儿童心理发展的因素。

## 知识框架

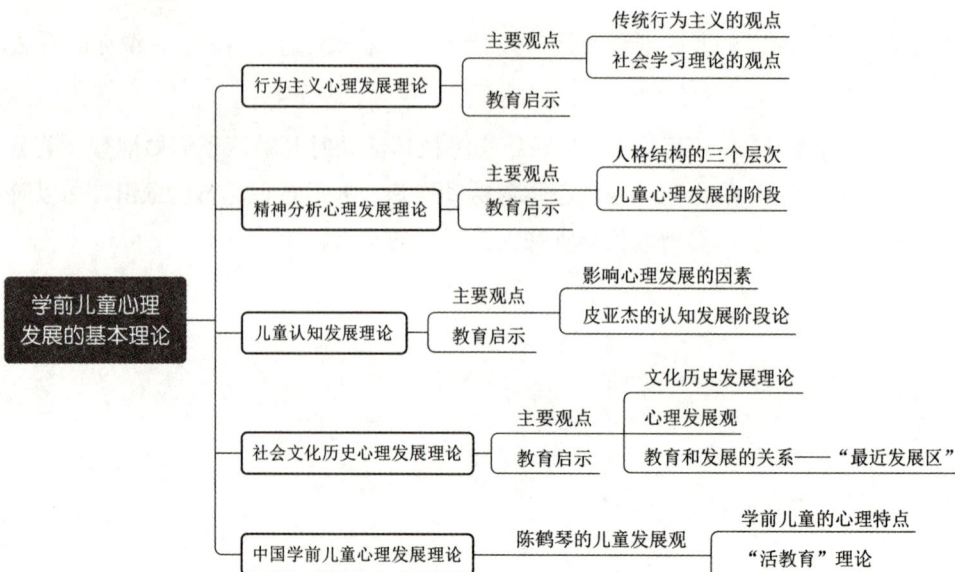

## 第一节　行为主义心理发展理论

行为主义是西方心理学中的一个重要流派，也是对西方心理学影响最大的流派之一，于 1913 年由美国著名心理学家约翰·华生 (John Broadus Watson，1878—1958) 创立。行为主义将行为界定为心理学的研究对象，把意识逐出心理学的研究范围，强调现实和客观研究。作为心理学的一个理论体系，行为主义理论又称为学习理论。这种理论认为人的发展是一个学习的过程。行为主义框架下主要包括三种人类学习形式，即经典条件反射理论、操作性条件作用和社会学习理论。

### 一、主要观点

#### （一）传统行为主义的观点

经典条件反射理论由行为主义创始人华生创立。华生受生理学家巴甫洛夫关于动物学习研究的影响，认为一切行为都是"刺激 (S)- 反应 (R)"的学习过程。与洛克 (John Locke) 的"白板说"一致。华生认为环境是儿童发展过程中影响最大的因素，他认为成人能够通过仔细地控制刺激与反应的联结，塑造儿童的行为；发展是一个连续的过程，随着儿童年龄的增长，刺激与反应的联结力度也在逐渐增强。

#### （二）社会学习理论的观点

社会学习理论主要代表人物班杜拉 (Albert Bandura，1925—2021) 强调模仿，也就是观察学习。在他看来，儿童总是通过观察和聆听榜样的行为来模仿他们有意和无意的反应，其观察和模仿都带有选择性，通过对他人行为及其强化行为结果的观察，儿童获取某些新信息，或矫正现存的反应特点。班杜拉社会学习的规律主要表现在以下几个方面。

(1) 观察学习。班杜拉尤其重视观察对儿童学习的影响，他把儿童的观察学习过程分成了四个阶段。

第一，注意阶段。这个阶段是观察学习的首要阶段，学习者通过观察他所处环境的特征，发现那些可以为他所知觉的线索。一般而言，儿童往往更倾向于选择那些与自身条件相类似的或者被他认可为优秀的、权威的、被得到肯定的对象作为知觉的对象。

第二，保持阶段。学习者通过表象和言语两种表征系统来记住他在注意阶段已经观察到的榜样的行为，并用言语编码的方式存储于自身的信息加工系统中。

第三，复制阶段。学习者从自身的信息加工系统中提取从榜样情境中习得并记住的有关行为，在特定的环境中进行模仿。这是有机体将观察学习而习得的不完整的、片段的、粗糙的行为通过自行练习而得到弥补的过程，最终使一项被模仿的行为通过复制过程而成为有机体自己熟练的技能。

第四，动机阶段。学习者通过前面三个阶段已经基本掌握了榜样的有关行为，但在现实生活中，个体却并不一定在任何情境中都会按照榜样的行为去采取自己的行动，班杜拉认为这主要由于"机会"或"条件"不成熟，而"机会"或"条件"的成熟与否则主要取决于外界对此行为的强化程度。

(2) 自律学习。班杜拉的社会学习理论认为，个体在社会情境中因受别人行为表现的影响而学习到新的行为。而这一新行为的获得，需要经由观察模仿的历程。后来，班杜拉又将观察学习的意义扩大，认为个体除了在观察别人行为而产生替代学习之外，还会经由自我观察学到新的行为。

班杜拉将动机阶段的意义延伸，发展成他的自律行为养成的三阶段历程理论。

第一，自我观察，指个人对自己行为的观察。

第二，自我评价，指个人经自我观察后，按照自己所定的行为标准评判自己的行为。

第三，自我强化，指个人用自定标准评判自己的行为之后，在心理上对自己所做的奖励或惩罚。

(3) 强化。按照班杜拉的理解，对于有机体行为的强化方式有三种：一是直接强化，即对学习者做出的行为反应当场予以正或负的刺激；二是替代强化，指学习者通过观察其他人实施这种行为后所得到的结果来决定自己的行为指向；三是自我强化，指儿童根据社会对他传递的行为判断标准，结合个人的理解对自己的行为表现进行正或负的强化。自我强化参照的是自己的目标和期望。例如，在一次拍球比赛中一个儿童对自己拍了100次球而感到兴奋不已，而另外一个获得同样成绩的儿童则十分沮丧。

**【经典实验】**

## 观察学习实验

班杜拉以儿童的外部行为作为研究的出发点，通过看录像实验对儿童的社会性行为的学习进行了研究。班杜拉的看录像实验分成两个阶段进行。

第一阶段：将儿童分为A、B两组，让两组儿童分别看一段录像。A组儿童看的录像内容是一个幼儿在攻击一个玩具娃娃，过一会儿来了一个成人，给了幼儿一些糖果作为奖励。B组儿童看的录像内容与A组儿童不同，虽然一开始也是一个幼儿在打一个玩具娃娃，但成人出现后，打了这个幼儿一顿作为惩罚。看完录像后，儿童分别进入一间放着玩具娃娃的小屋。结果发现，A组儿童表现出类似录像里幼儿打玩具娃娃的行为，而B组儿童却没有表现出类似的攻击行为。实验结果表明，奖励能使儿童表现出录像中幼儿的行为，而惩罚则使儿童避免录像中幼儿的行为。

第二阶段：班杜拉鼓励两组儿童学录像里大孩子的样子打玩具娃娃，谁学得像就给谁糖吃。结果两组儿童都争先恐后地使劲打玩具娃娃。这说明通过看录像，两组儿童都已经学会了攻击行为。第一阶段乙组儿童之所以没有表现出攻击行为，只不过是因为他们害怕打了以后会受到惩罚，从而暂时抑制了攻击行为，而当条件许可时，他们也会像甲组儿童一样把学习到的攻击行为表现出来。

## 二、教育启示

### 1. 注意环境的影响

教师应创设适宜儿童发展的良好环境，尽可能地避免外界环境中的一切不良刺激，以养育身心健康的儿童。教师是环境的设计者，是利用环境因素形成与培养儿童良好行为的"工程师"，教师应根据对儿童行为的观察，提供适宜的学习材料。与当天活动有关的材料，应放在显著的位置以吸引儿童的注意。

### 2. 学习目标的制订要具体

教师在制订教学目标时，可以把期望儿童完成的行为任务，分解成细致的行为步骤。例如，用毛巾或纸巾擦嘴或擦手，可以分为打开、铺平、擦等动作，其中每一个环节还可以再分为更细小，具体的步骤。当教学目标成任务被分解为具体的行为步骤之后，教师就可以通过提供榜样、示范和练习等方式，按照"小步子接近"的顺序原则，一步一步地帮助儿童掌握动作技能，完成预期的教学任务。

### 3. 注意运用强化控制原理

行为主义认为，人的行为能否保持下去与它的结果有关。如一个儿童帮助了别人，受到了教师的表扬和鼓励，那么这个儿童就会继续寻找机会帮助别人。教师的表扬和鼓励则是对儿童行为的强化。强化作用是塑造与修正儿童行为的基础，表扬、批评、惩罚、奖励则是强化的基本手段，教师要谨慎运用批评等手段，如果使用不当，反而会强化不好的行为倾向。

### 4. 注意榜样对学前儿童学习的影响

行为主义非常重视榜样对儿童学习的影响，认为儿童是通过直接经验学习的。以观察学习为基础的示范教学，可以为儿童提供正确的模仿榜样，减少尝试错误和不必要的时间浪费。在示范教学中，要选择儿童感兴趣、容易为儿童接受的模仿对象。教师是儿童心目中的"权威"，教师一举一动、一言一行都对会对儿童产生影响，成为儿童模仿的对象。

此外，家庭教育同样重要，父母要和托幼机构的教育配合一致，为儿童树立良好的学习榜样。

## 第二节 精神分析心理发展理论

精神分析又称心理分析，是 19 世纪末 20 世纪初由维也纳医生西格蒙德·弗洛伊德 (Sigmund Freud，1856—1939) 创立的一个重要的心理学学派，心理分析是弗洛伊德在对精神疾病的分析和治疗基础上对人的心理和人格形成的新解释。他从自己的临床经验出发，对儿童的人格结构和心理发展的阶段进行了系统的阐述。因此，精神分析既是一种治疗精神疾病的方法，也是一种研究心理功能的技术。

## 一、主要观点

### （一）人格结构的三个层次

弗洛伊德认为人格有三个层次，分别是本我、自我和超我 ( 见图 2-1)。他认为个体心理的动力，特别是其人格发展的动力，是本我、自我和超我三者相互斗争、相互协调的结果。

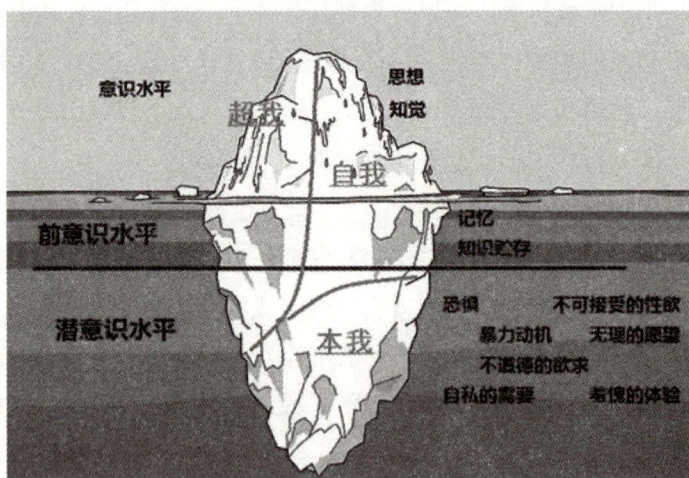

图 2-1　本我、自我、超我示意

### 1. 本我

"本我"的含义类似于"无意识"，它是最原始的、本能的，而且是人格中最难接近的部分，同时又是强有力的部分，包括人类的性的内驱力和被压抑的习惯倾向。本我受快乐原则支配，即寻求最大满足和最少痛苦。本我的核心就是本能。

弗洛伊德提出，本能有四个特征：第一，来源于肉体的某种欠缺；第二，目的是消除肉体的欠缺并重建内在平衡；第三，对象是减少或消除肉体欠缺的事物；第四，原动力是决定肉体欠缺的程度。例如，感到饥饿的人需要食物 ( 来源 )，想要消除对食物的需要 ( 目

的 )，寻求和摄取食物 ( 对象 )，而这些行为产生的强度依赖于个体忍受饥饿时间的长短 ( 原动力 )。

### 2. 自我

"自我"是意识结构部分，按照现实原则行事。弗洛伊德认为，作为无意识结构部分的本我不能直接与现实世界接触，为了促进个体和现实世界的交互作用，必须通过"自我"。个体发展到儿童期，逐步学会了不能全凭冲动随心所欲。他们逐渐考虑到行为产生的后果，考虑现实的作用，这就是自我。自我位于本我与超我之间。弗洛伊德把本我与自我的关系用一个比喻形象地说明：本我是马，自我是骑士；马提供能量，骑士指挥马前进的方向。

### 3. 超我

"超我"则是意识层面中的道德成分，个体现在根据情境对自我进行约束和决策选择。超我包括两个部分：良心和自我理想。前者是超我的惩罚性的、消极性的和批判性的部分，它要求个体不能违背良心。例如，一个人不能在无人看见的情况下做坏事，如果做了，就有一种罪恶感。后者由积极的雄心和理想所构成，是一个抽象的东西，希望个体为之奋斗。例如，曾子提出的"吾日三省吾身"，就是超我的表现。

在个体发展过程中，本我、自我和超我三者均衡发展，即超我监控自己的行为，以适应社会的道德规范。自我一方面应处理好本我的本能要求，另一方面又应符合超我提出的规范要求，以期发挥自己的功能。如果在个体发展过程中，本我或超我有一方占优势，支配另一方的发展，这时就会导致心理发展异常，一旦三者的关系完全失调，就会导致严重的精神疾病。

### （二）儿童心理发展的阶段

弗洛伊德根据不同年龄阶段儿童集中活动的能力，把心理和行为发展划分为由低到高的五个阶段。

### 1. 口腔期 ( 出生～1 岁 )

引导婴儿吸吮乳房和奶瓶的行为，如果口腔的需要未能得到适当满足，儿童将来可能会形成诸如吮吸手指、咬手指甲、暴食，以及成年以后抽烟和饮酒的习惯。

### 2. 肛门期 (1～3 岁 )

学步期幼儿和学前幼儿从憋住大小便然后排泄的举动中获得快感，上厕所则成为父母训练幼儿的主要内容之一。在这一时期，弗洛伊德特别要求父母注意对儿童大小便的训练不宜过早、过严，否则，对儿童的人格形成会有不利影响。

### 3. 性器期 (3～6 岁 )

自我冲突转移至性器官时，儿童会发现性刺激的快感。弗洛伊德认为这一时期的儿童容易出现依恋异性父母的俄狄浦斯情结 (Oedipus Complex)，即男孩产生恋母情结、女孩产生恋父情结。

### 4. 潜伏期 (6～11 岁 )

性本能消失，超我进一步发展，儿童从家庭成员以外的成人和一起玩耍的同性伙伴那里获得新的社会价值观念。儿童逐渐放弃俄狄浦斯情结，开始以同性父母为榜样行事，弗洛伊德把这种现象称为"自居作用"。

### 5. 生殖期 (12 岁以后 )

潜伏期的性冲动再度出现，如果前面的阶段发展得顺利的话，那么儿童就会顺利过渡到结婚与生育后代的阶段。

## 二、教育启示

### 1. 优化人格构建的初始环境

以弗洛伊德为代表的精神分析学派强调培养儿童健全人格的重要性，认为人格教育是教育的重点和最终目的。为此，父母应尊重儿童的本性，表现为关心而不是强迫屈从，应给予儿童充分的自由，让儿童在自由中成长。对儿童进行人格教育时，要符合其身心发展的特点，不能一味地灌输，要创设能让儿童体验与感受到尊重、爱、安全的环境，从而对儿童的人格产生积极的影响。

### 2. 建立健康的心理防御机制

弗洛伊德认为，防御机制是自我应付本我的驱动、超我的压力和外在现实的要求等的心理措施和防御手段，以减轻和解除心理紧张，求得内心平衡。

何谓健康的防御机制，只要是既能减轻内心痛苦又能适应外界环境的防御机制就是健康的，其中最重要的是培养儿童形成"积极的适应"。积极的适应不仅能减轻动机冲突或挫折带来的困扰和不安，还会使人达到自我完善、自我实现的境地。

### 3. 重视早期经验和亲子关系

弗洛伊德的儿童发展观，一方面强调了早期经验对人的一生具有重要影响，认为儿童过去的生活与经历会对其以后的行为产生影响；另一方面，认为父母的教养态度与方式，直接决定着儿童童年生活经验的质量。精神分析的理论与研究，使人们开始注意到哺乳方式、断奶时间与方法、大小便习惯的训练、亲子关系的处理等问题，尤其是父母在儿童早期生活和人格的形成与发展中的重要地位与作用。

【知识拓展】

### 埃里克森的"人的八个阶段"理论

爱利克·埃里克森 (Erik H Erikson，1902—1994)，祖籍丹麦，生于法国，师承弗洛伊德的女儿安娜·弗洛伊德和学者柏林汉，1933 年定居美国。

埃里克森的人格发展学说既考虑了生物学的影响，又考虑了文化和社会的因素。他认为在人格发展中逐渐形成的自我，在个人及其周围环境的交互作用中起着主导和整合作用。

他将人的一生分为既连续又有差别的八个阶段，从出生到成人则需要经过六个阶段，属于人的成长阶段，后两个阶段是成人期和老年期。埃里克森在《儿童期与社会》一书中，提出了"人的八个阶段"理论 ( 见表 2-1)。

### 表 2-1　埃里克森"人的八个阶段"理论

| 阶段 | 年　龄 | 对立品质 | 主要特点及发展任务 |
|---|---|---|---|
| 一 | 0~1 岁 | 信任感对怀疑感 | 特点：满足生理需要<br>发展任务：获得信任感和克服不信任感，体验希望的实现 |
| 二 | 1~3 岁 | 自主性对羞怯感 | 特点：开始探索新世界<br>发展任务：获得主动感而克服羞怯和疑惑感，体验意志的实现 |
| 三 | 3~6 岁 | 主动感对内疚感 | 特点：从语言和行动上探索和扩充他的环境<br>发展任务：获得主动感和克服内疚感，体验目的的实现 |
| 四 | 6~12 岁 | 勤奋感对自卑感 | 特点：开始意识到社会提出的任务<br>发展任务：获得勤奋感而克服内疚感，体验目的的实现 |
| 五 | 12~18 岁 | 同一性对角色混乱 | 特点：进入青春期<br>发展任务：建立同一感，体验忠诚的实现 |
| 六 | 18~25 岁 | 亲密感对孤独感 | 特点：注重自己的真实情感<br>发展任务：获得成功的情感生活和良好的人际关系，体验爱情的实现 |
| 七 | 25~50 岁 | 繁殖感对停滞感 | 特点：进入繁殖期<br>发展任务：精力充沛和照顾下一代，体验事业成功与家庭主角的实现 |
| 八 | 老年期 | 自我整合对悲观绝望 | 特点：侧重点着眼于保住自己的潜能<br>发展任务：进行自我整合，避免失望情绪，体验角色变化和安享天年的实现 |

## 第三节　儿童认知发展理论

认知发展理论由瑞士心理学家让·皮亚杰 (Jean Piaget，1896—1980) 创立，该理论关注儿童如何在了解世界的过程中积极地调整自身的认知。皮亚杰提出儿童可以通过一种他称之为"心理图式"的认知结构来呈现对这个世界的理解，其理论的核心是发生认识论，主要研究的是人类的认知、智力、思维、心理的发生和结构。

# 一、主要观点

## （一）影响心理发展的因素

皮亚杰认为，影响心理发展的因素主要包括：成熟、物理环境、社会环境、平衡。

(1) 成熟。皮亚杰认为，成熟在心理发展中的作用主要在于揭示新的可能性，即成为某些心理模式出现的必要条件，但成熟本身不是心理发展的充分条件。机体的成熟是一个必要因素，在儿童发展的各个阶段中起着必不可少的作用，但是它不能决定发展的全过程。

(2) 习得经验。这同样是心理发展中的一个主要而必需的因素。习得经验又可分为两类：第一类是物理经验，指个体作用于物体，抽象出物体的特征。例如，不管体积大小，比较两个物体的重量。第二类是逻辑—数理的经验，指个体作用于物体，目的在于理解动作间相互协调的结果。例如，五六岁的儿童从经验中发现一组物体的总和与它们空间排列的位置没有关系。第二类经验的知识来源于动作，不来源于物体。

(3) 社会经验。这包括社会生活、文化教育、语言等，这些都是心理发展的必要但不充分条件。社会化是一个结构化的过程，个体对社会化所作出的贡献正如他从社会化所得到的同样多，从那里便产生了"运算"和"协调运算"的相互依赖和同型性。

(4) 平衡。这是不断成熟的内部组织和外部环境相互作用的过程，是心理发展的最重要因素，在儿童心理发展过程中起决定作用。

## （二）皮亚杰的认知发展阶段论

皮亚杰按照儿童智慧发展的水平，将儿童的认知发展划分为以下四个具体阶段。

### 1. 感知运动阶段 (0～2 岁)

(1) 这一阶段儿童的认知发展主要是感觉和动作的分化。初生婴儿只有一系列笼统的反射，随后的发展便是组织自己的感觉与动作以应付环境中的刺激，到这一阶段后期，感觉和动作才渐渐分化为有调适作用的表现，思维也开始萌芽。

(2) 这一阶段的一个显著标志是儿童在 9～12 个月逐渐获得客体永久性，即知道某人或某物虽然现在看不见，但仍然存在。

(3) 这一阶段儿童产生延迟模仿。皮亚杰研究发现，12～18 个月的儿童，能够比较精确地进行模仿，到 18 个月左右就出现了延迟模仿，即榜样已经离开了现场，儿童也能够表现出榜样的行为。

### 2. 前运算阶段 (2～7 岁)

前运算阶段是从感知运动阶段到概念性智力阶段 ( 运算阶段 ) 的过渡阶段。在这一阶段，表现或内化了的感知或动作在儿童心理上起着重要作用。本阶段可分为两个小阶段。

(1) 前概念或象征思维阶段 (2～4 岁)。这一阶段的主要特点是思维开始运用象征性符号进行，出现表征功能，或象征性功能。儿童可以以物代物。比如，在游戏中，儿童把小椅子当成马、把沙子当成米、把笔当成注射器等，小椅子、沙子和笔是符号，而马、米和注射器则是符号象征的东西。在这一阶段儿童可以将这二者联系起来，凭借符号对客观事物加以象征化。

(2) 直觉思维阶段 (4～7 岁)。这一阶段是儿童智力由前概念思维向运算思维的过渡时期。此阶段儿童思维的显著特征是仍然缺乏守恒性和可逆性。总的来说，前运算阶段儿童的思维活动有以下几个特点。

第一，相对的具体性。借助于表象进行思维，还不能进行运算思维。

第二，思维的不可逆性。缺乏守恒结构。例如皮亚杰做的液体守恒实验。

第三，自我中心性。儿童站在自己经验的中心，只有参照他自己才能理解事物，他认识不到他的思维过程，缺乏一般性。例如，儿童散步时发现了"我走月亮走，我停月亮停"的现象，认为月亮在跟着自己移动。

第四，刻板性。表现为在思考眼前问题时，其注意力还不能转移；还不善于分配，在概括事物性质时缺乏等级的观念。

【知识拓展】

### 皮亚杰液体守恒实验

守恒是指物体从一种形态转变为另一种形态时，它的物质含量既不增加，也不减少。皮亚杰认为守恒概念的获得是儿童认知水平的一个重要标志。儿童一般要到具体运算阶段 (7～11 岁) 才能获得守恒概念。

实验做法：首先给儿童呈现两杯等量的水 (杯子的形状一样)，然后当着儿童的面，把这两杯水分别倒入一个高瘦的容器和另一个又矮又胖的容器里，问儿童哪一个杯子的水多 (或一样多)。实验结论：6 岁以下的儿童仅根据杯子里水的高度判断水的多少而不考虑杯子的口径的大小。而 7 岁以上的儿童对这个问题一般都能作出正确的回答。

### 3. 具体运算阶段 (7～11 岁)

这一阶段儿童的认知结构中已经具有了抽象概念，思维可以逆转，因而能够进行逻辑推理。这个阶段的儿童还能凭借具体事物或从具体事物中获得的表象进行逻辑思维和群集运算。但这一阶段儿童的思维仍需要具体事物的支持。

### 4. 形式运算阶段 (11～15 岁)

这一阶段儿童的思维已经超越了对具体的、可感知的事物的依赖，能够脱离具体事物进行抽象概括，使形式从内容中解脱出来，进入形式运算阶段。

皮亚杰认知发展阶段论各阶段特征对比见表 2-2。

表 2-2    皮亚杰认知发展阶段论各阶段特征对比

| 发展阶段 | 感知运动阶段<br>（0～2 岁） | 前运算阶段<br>（2～7 岁） | 具体运算阶段<br>（7～11 岁） | 形式运算阶段<br>（11～15 岁） |
|---|---|---|---|---|
| 特征 | 1. 以手的抓取和嘴的吮吸作为认识世界的主要手段<br><br>2. 逐步获得了客体永恒性 | 1. "泛灵论"<br>2. 思维的"自我中心"、语言的"自我中心"（重复、独白、集体独白）<br>3. 思维的不可逆性<br>4. 尚未获得物体永恒的概念 | 1. 获得质量守恒的概念<br>2. 具体思维形成<br>3. 理解原则和规则<br>4. 思维的可逆性（去集中化） | 1. 从不同方面对抽象性质进行思维<br>2. 思维以命题形式进行<br>3. 思维接近成人的发展水平 |

**【小试牛刀】**

按照皮亚杰的理论，儿童出现"自我中心"是在（    ）。

A. 感觉运动阶段    B. 具体运算阶段

C. 前运算阶段    D. 形式运算阶段

参考答案：C。

**【经典实验】**

# 三 山 实 验

皮亚杰设计的"三山实验"是自我中心思维的一个典型的例证。

在桌子上放置三座山的模型，这三座山在高低、大小、位置上有明显的差异。实验时，先让一个 3 岁的幼儿坐在一边，然后将一个布偶娃娃放置在对面。此时实验者要幼儿回答两个问题。

第一个问题是：你看到的三座山是什么样子？请从照片中（不同角度拍摄照片）选择一张和你看到的一样的照片。

第二个问题是：布偶娃娃看见的三座山是什么样子？请从照片中（不同角度拍摄照片）选择一张和布偶娃娃看到的一样的照片。

结果发现，幼儿对两个问题给出同样的答案，他只会从自身所处的角度看三座山的关系（如两座小山在大山的背后），而不能设身处地从对面布偶娃娃的立场来看问题。皮亚杰以此来证明儿童"自我中心"的特点。

自我中心主义是前运算阶段（2～7 岁）幼儿的认知特征，自我中心主义是指幼儿只从自己的观点看待世界，难以认识他人的观点，认为所有的人都和自己的感受相同，经常假定其他人都在分享自己的情感、反应和看法等。

# 二、教育启示

## 1. 教育应配合儿童的认知发展顺序

首先，应按照儿童的认知发展顺序编制课程。课程的内容、进度以及何时该教什么，应按照儿童认知状态的变化设计；其次，教材应不显著超越儿童现有的认知发展。最后，教师在教授知识时，重点不宜放在提升儿童学习的进度上。教育并不是以传授最多的知识为唯一目的，而是以儿童学会学习并得以发展为正途。

### 2. 以儿童为中心，充分发挥儿童的自觉能动性

在学习中，学前儿童不再是静坐的听众或观众了，而是教学活动的主体。教师要引导学前儿童主动参与到教学活动中，积极地投入学与教的互动，在不断的探究中获得新的信息，从而大大提高学前儿童学习的自觉能动性。

### 3. 重视活动在教育中的作用

皮亚杰认为，知识的形成主要是活动的内化作用，儿童只有具体地、自发地参与各种活动，才能获得真正的知识。如物理知识是通过作用于客体的动作形成的；有关树的概念只有在儿童作用于树时才可能获得并精细化，否则即使看了树的图片、听了有关树的故事，儿童也不可能形成树的知识；社会经验知识的构成取决于儿童与他人之间的相互作用。

### 4. 重视培养儿童的内在动机

对于儿童来说，学习是一种积极主动的过程，所以在学习过程中起作用的是学前儿童的内部动机，实践也表明主动学习更容易激发学前儿童的智慧潜能和内部动机。学习的最好动机是对学习材料本身的兴趣，不宜过分重视奖励竞争之类的外在刺激。

## 第四节 社会文化历史心理发展理论

利维·维果茨基 (Lev Vygotsky，1896—1934) 是苏联卓越的儿童心理学家，是社会文化历史学派的创始人。维果茨基从历史唯物主义观点出发，在 20 世纪 30 年代提出"文化—历史发展理论"，主张人的高级心理机能是社会历史的产物，受社会规律制约，十分强调人类社会文化对人心理发展的重要作用，以及社会交互作用对认知发展的重要性。

## 一、主要观点

### （一）文化历史发展理论

维果茨基区分了两种心理机能：一种是作为动物进化结果的低级心理机能，这是人和动物共有的；另一种则是作为历史发展结果的高级心理机能，即以符号系统为中介的心理机能，是人独有的。

根据恩格斯关于劳动在人类适应自然和在生产过程中借助于工具改造自然过程中作用的思想，维果茨基详细论述了他对高级心理机能的社会起源和中介结构的看法。工具的使

用导致了人类新的适应方式，即物质生产的间接方式，不再像动物一样以身体直接方式来适应自然。在人的工具生产中凝结着人类的间接经验，即社会文化知识经验，这就使人类的心理发展规律不再受生物进化规律制约，而是受社会历史发展规律的制约。

### （二）心理发展观

在对人的高级心理机能及其特征进行详细界定和描述的基础上，维果茨基首先界定了心理发展的概念：心理发展是个体的心理自出生到成年，在环境与教育影响下，在低级心理机能基础上，逐渐向高级机能转化的过程。

由低级心理机能向高级心理机能的发展主要有以下四个表现。

(1) 随意机能不断发展。随意不是平时的意思，指的是儿童的动作是受意志支配的，儿童心理活动的随意性越强，心理水平越高。

(2) 抽象－概括机能提高。儿童随着词、语言以及知识经验的增长，各种心理机能的概括性和间接性得到发展，最后形成最高级的意识系统。

(3) 各种心理机能之间的关系不断变化、重组，形成间接的、以符号为中介的心理结构。简单来说，就是形成了高级心理机能。儿童的心理结构越复杂、越间接、越简缩，心理水平越高。

(4) 心理活动个性化。维果茨基强调个性特点对认知发展的影响，认为儿童意识的发展不仅是个别机能由某一年龄阶段向另一年龄阶段过渡时的增长和提高，更主要的是其个性发展，整个意识的增长与发展。个性形成是高级心理机能发展的重要标志，个性特点对其他机能发展具有重要作用。

### （三）教学和发展的关系——"最近发展区"

维果茨基认为，儿童有两种发展水平：一是儿童的现有水平，二是即将达到的发展水平（完全能力范围外）。这两种水平之间的差异，就是最近发展区 (Zone of Proximal Development)（见图 2-2）。也就是说，最近发展区是指儿童在有指导的情况下，借助成人帮助（学习支架）所能达到的解决问题的水平与独自解决问题所达到的水平之间的差异，实际上是两个邻近发展阶段间的过渡状态。

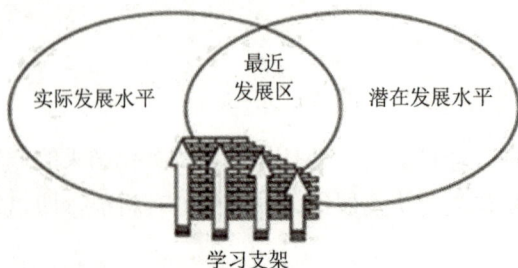

图 2-2    最近发展区

这一理论的提出说明了儿童发展的可能性，其意义在于教育者不应只看到儿童今天已达到的发展水平，还应该看到仍处于形成状态的、正在发展的过程。所以，维果茨基强调教学不能只适应现有的发展水平，而应适应最近发展区，走在发展的前面，并最终跨越最近发展区而达到新的发展水平。

## 二、教育启示

### 1. 注意周围榜样的影响，为儿童树立有吸引力的榜样

儿童时时处处都可能处在观察学习之中。由于儿童具有好奇心强和喜欢尝试的特点，具有新异性和夸张性的事物容易吸引儿童去模仿，如小丑、恶作剧、反面角色、危险动作等。所以，成人应该根据儿童的年龄特征，为他们树立健康、积极、有吸引力的学习榜样。

### 2. 遵循榜样学习的心理过程，提高榜样学习的效果

在引导儿童向榜样学习时，要吸引他们的注意，使榜样及其行为进入他们的视线，接着要帮助儿童借助形象或语词的方式记住榜样行为的要点，再通过实际操练保证儿童有体力和技能做出与榜样相同的行为，并且创设条件，让儿童有机会在实际情境中做出这种行为。

### 3. 防止儿童习得性无助，增强儿童自我效能感

儿童习得性无助是后天形成的，往往与他的养护者有密切的联系。父母和教师对儿童的一些无意间的言语、态度、行为都可能会让儿童获得习得性无助。儿童天生就是积极的、喜欢尝试的，如果儿童的每一次尝试，成人都报以厉声呵斥，久而久之，儿童对自己要做的事情就变得不自信了，从而自我效能感降低。因此，父母和教师应多鼓励儿童，防止儿童习得性无助，增强儿童自我效能感。

### 4. 鼓励儿童在问题解决中学习

维果茨基认为，儿童的学习应当融入日常生活不断产生的矛盾、冲突的解决中，而教学应当为儿童提供重新解决问题的机会，成人应鼓励儿童在解决问题中学习、在解决问题中探索，从而成为解决问题的主人。

## 第五节　中国学前儿童心理发展理论

在中国近代，受五四运动的影响，掀起了一股思想解放运动的狂潮，这些思潮对我国学前教育理论的形成产生了很大的影响，陈鹤琴、朱智贤、陶行知等人对我国学前教育心理学的创立发展发挥了关键作用，他们充分吸收了杜威的实用主义教育思想，推崇儿童中心论，反对传统的以教师、书本和课堂为中心，这对于现代儿童教育思想在我国的发展起到了积极的作用。本节主要介绍陈鹤琴先生的理论思想。

## 陈鹤琴的儿童发展观

陈鹤琴先生 (1892—1982) 是我国近代教育史上著名的儿童心理学、幼儿教育专家。他长期从事儿童心理学、幼儿教育的科学研究和实践，为我国教育事业贡献了毕生的精力，提出了著名的"活教育"思想，被称为"中国幼教之父"。

### （一）学前儿童的心理特点

#### 1. 好奇

世界对于儿童来说是全新的、陌生的，面对这一崭新的世界，儿童会产生强烈的好奇心，他们会不厌其烦地询问"是什么""为什么"。好奇心可以激发出儿童浓厚的兴趣，从而使儿童产生强烈的求知欲。

#### 2. 好动

由于好奇而产生难以抑制的冲动，儿童一会儿摸摸这个、一会儿看看那个，一刻也不停，什么都想要去尝试，其行为完全由感觉与冲动所支配。儿童由好动而好玩，由好玩而喜欢游戏，他们以游戏为生命，终日乐此不疲。儿童好动、好玩、好游戏的天性，使其喜欢与外界事物接触，而这种接触极大地丰富了他们的知识，发展了他们的能力，使他们逐渐了解自己生活的世界。

#### 3. 好模仿

成人的一言一行和同伴的一举一动，儿童都会主动模仿。模仿是人的一种本能，是儿童学习、成长的重要方式。个体最初学会的本领，大都是通过模仿形成的。正因为儿童喜欢模仿，所以他们容易接受教育，可塑性很强。

#### 4. 好群处

儿童不愿意独处。从 4 个月开始，如果无人陪伴让婴儿一个人睡，婴儿就会哭泣，其实哭泣就是在发泄自己的不满，要求别人陪伴。随儿童年龄的增长，其好群处的欲望也逐渐增加。3 岁以后的儿童，尤其喜欢与同伴玩耍。好群处是儿童个体社会化发展的重要标志。

#### 5. 好野外生活

自然界的一切对儿童来说都是神奇和美妙的，野外环境对儿童有着巨大的吸引力。大自然里的声、光、色、味、形、体，给儿童提供了丰富的感官刺激，促进儿童生理发展。同时，大自然为儿童提供了一个开放多元的游戏平台，当儿童融入自然之中，他们的心灵就得到了充分的净化。

### （二）"活教育"理论

#### 1. "做人，做中国人，做现代中国人"的课程目标

陈鹤琴从教育的三大因素即儿童、教材、教师出发，提出了"儿童是主体"的思想，希望幼稚园的课程能通过选择最适宜的教材，使用最适宜的方法，达到所希望的目的，他

认为幼儿园课程至少有四大目的。

(1) "做怎样的人"。这主要涉及到德育范围，包括：合作的精神、同情心、服务的精神。

(2) "应该有怎样的身体"。这强调幼儿要有很强健的体格，训练幼儿养成各种达到强健体格的习惯，这可以分三层来说：健康的体格、卫生习惯，运动技能。陈鹤琴认为人类的习惯大都是在幼年养成的，所以在幼儿时期应当特别注意培养良好的卫生习惯。至于运动技能，幼儿园必须培养幼儿几种基本的运动技能。

(3) "应该怎样开发儿童的智力"。这要培养以幼儿为主体的"活"的能力，主要包括：培养研究的态度，激发幼儿探究事物奥秘的兴趣；掌握充分的知识，教师要通过各种活动形式指导幼儿掌握各种知识，丰富其经验；获得表意的能力，即逐渐培养幼儿使用简单的语言、叙述简单的故事、画简单的图画、做简单的手工、创作简单的音乐、动作等来表达自己的情感。

(4) "怎样培养情绪"。幼儿园至少要从三个方面来做：学会欣赏，包括欣赏自然之美和艺术之美；使幼儿体验快乐情感，教师的人格感化、笑口常开、和蔼可亲在此固然重要，在教导方法上回应儿童的需要、避免将学习对象硬塞给幼儿使之产生厌恶感觉更为重要；打消惧怕，教师要常常带幼儿接触万物，如捉昆虫、玩狗猫、登高等，来避免和消除幼儿的恐惧。

### 2. "五指活动"理论

课程结构是指"组成课程的各种因素及其相互关系"。陈鹤琴以人的五个连为一体的手指作比喻，创造性地提出了课程结构的"五指活动"理论。他认为，幼儿园的课程内容应该包括五个方面：

(1) 健康活动，包括饮食、睡眠、早操、游戏、户外活动、散步等。这类活动目的在于促进幼儿身体健康发展。

(2) 社会活动，包括朝会、夕会、周会、纪念日集会，每天的谈话及政治常识等。通过这些活动，让幼儿了解社会、了解生活，学习社会、学习生活。

(3) 科学活动，包括植物栽培、动物饲养、自然现象的研讨，以及当地自然环境的认识。通过这类活动让幼儿了解自然，培养幼儿对学习的兴趣。

(4) 艺术活动，包括音乐、美术等。艺术活动不仅能陶冶幼儿情操，而且是帮助幼儿学习自然、学习社会的最活泼的形式。

(5) 文学活动，包括故事、儿歌、谜语、读法等。

学前教育课程的全部内容包括在这"五指活动"之中。

▶▶ 🎧 本章考点 ......................................

### 1. 名词解释

(1) 本我　自我　超我；(2) 最近发展区。

**2. 简答题**

(1) 简述影响学前儿童心理发展的因素及其关系。

(2) 简述心理发展的理论流派。

## ▶▶ 课后习题 ·····························································

### 一、选择题

1. 根据皮亚杰的认证发展阶段理论，3~6 岁的儿童处于 (　　) 阶段。

A. 感知运动阶段　　　　　　　B. 前运算阶段

C. 具体运算阶段　　　　　　　D. 形式运算阶段

2. 适合幼儿发展的内涵是 (　　)。

A. 适合幼儿发展的规律和特点　B. 跟随幼儿的发展

C. 任其发展　　　　　　　　　D. 追随幼儿的兴趣

3. 幼儿学习的基础是 (　　)。

A. 直接经验　　　　　　　　　B. 间接经验

C. 课堂学习　　　　　　　　　D. 理解记忆

4. 班杜拉的社会认知理论认为 (　　)。

A. 儿童通过观察和模仿身边人的行为学会分享

B. 操作性条件反射是儿童学会分享的重要学习形式

C. 儿童能够学会分享是因为儿童天性本善

D. 儿童学会分享是因为成人采取了有效的惩罚措施

5. 教师拟定教育活动目标时，以幼儿现有发展水平与可以达到水平之间的距离为依据，这种做法体现的是 (　　)。

A. 维果茨基的最近发展趋势理论　B. 班杜拉的社会观察学习理论

C. 皮亚杰的认知发展阶段论　　　D. 布鲁姆的发现教学论

6. 皮亚杰的"三山实验"考察的主要是 (　　)。

A. 儿童的深度知觉　　　　　　B. 儿童的计数能力

C. 儿童的自我中心性　　　　　D. 儿童的守恒能力

### 二、简答题

1. 简述班杜拉社会观察学习理论的主要观点。

2. 请根据皮亚杰的理论，简述 2~4 岁儿童思维逻辑特点。

3. 认知发展理论中，前运算阶段有哪些典型特点？如何理解儿童心理发展影响因素中的同化与顺应？

### 三、论述题

1. 请根据幼儿园教育的特点和幼儿身心发展的规律，论述幼儿园教育为什么不能"小学化"。

2. 为什么不能把《3～6 岁儿童学习与发展指南》作为一把尺子来衡量所有的幼儿？请说明理由。

### 四、材料分析题

阅读下面材料，回答问题。

#### 孩子的一百种语言

孩子是由一百种组成的

孩子有一百种语言

一百双手

一百个念头

还有一百种思考、游戏、说话的方式

有一百种欢乐，去歌唱去理解

一百种歌唱与了解的喜悦

一百种世界去探索去发现

一百种世界去发明

一百种世界去梦想

问题：

1. 你能从诗中读到幼儿心理发展的什么特点？

2. 依据这些特点，教师应该怎么对待幼儿？

### 【开放式问答】

5 岁的花花性格孤僻，不爱讲话，常常一个人，老师说"不用管她，只要不出事就好"。对此，你会怎么看？

### 【德育角】

张桂梅（女，满族，1957 年 6 月出生，云南省丽江华坪女子高级中学党支部书记、校长，华坪县儿童福利院院长）坚守大山数十年，用自己的满腔热血与汗水，点燃大山女孩实现自我价值的理想灯塔，用实际行动诠释了共产党人不忘初心、牢记使命、永远奋斗的坚定信仰和崇高境界。对此，你怎么看？

## 第三章　学前儿童心理发展一般规律

### 场景呈现

　　毛毛和豆豆今年都 1 岁 8 个月了，毛毛活泼可爱，毛毛不但会说各种各样的名词，如爸爸、妈妈、爷爷、奶奶等，还会说一些简单的句子。可是性格内向的豆豆不太爱说话，跟人交流的时候也总是借助手势和动作，只会喊"爸爸""妈妈"。豆豆的妈妈可着急了。

### 学习目标

　　1. 掌握学前儿童心理发展趋势；
　　2. 掌握学前儿童心理发展的年龄特征；
　　3. 理解影响学前儿童心理发展的因素。

### 知识框架

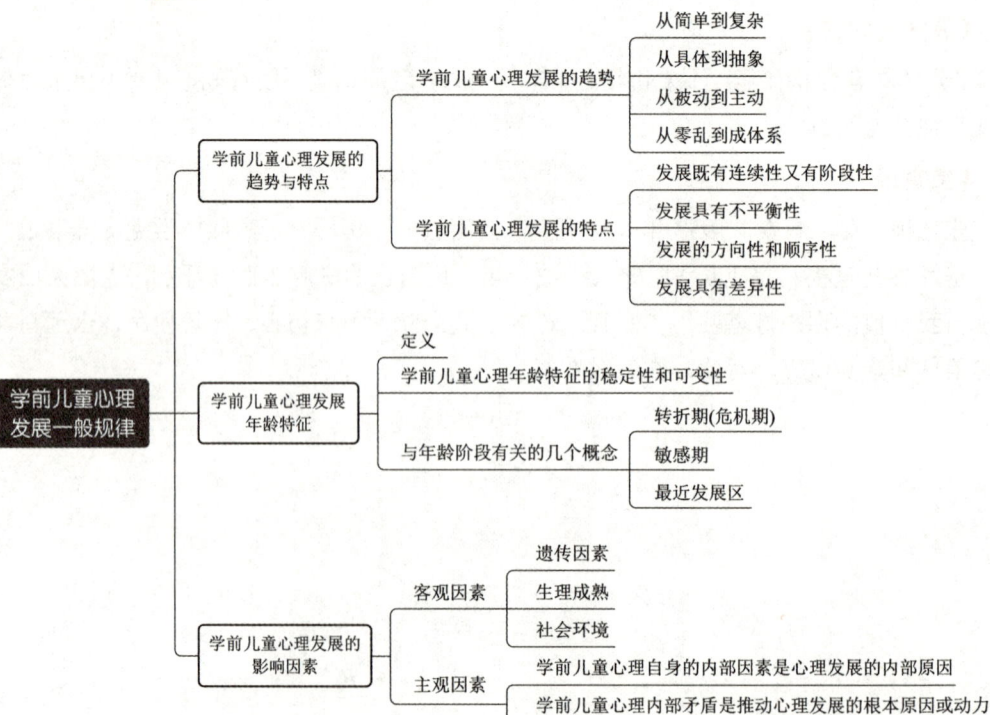

学前儿童心理发展的一般规律是指儿童从出生到入小学前心理发展的本质联系和本质特征。了解学前儿童心理发展的趋势和年龄特点，有助于把握学前儿童的心理现象或心理活动发生、发展和变化规律，并对其进行针对性的训练和教育。

## 第一节　学前儿童心理发展的趋势与特点

心理发展是逐步由低级到高级、由量变到质变、由简单到复杂不断完善的过程。在这个过程中，个体的心理发展有不同的特点，但同时也表现出一些共同特点。

### 一、学前儿童心理发展的趋势

#### （一）从简单到复杂

儿童最初的心理活动，只是非常简单的反射活动，以后会越来越复杂。这种发展趋势表现在以下两个方面。

##### 1. 从不齐全到齐全

儿童的各种心理过程在出生的时候并非已经齐全，而是在发展过程中先后形成。各种心理过程出现和形成的次序，服从由简单到复杂的发展规律。

例如，1岁之前儿童语言处于准备期，不能真正掌握语言，经历了由简单发音阶段到连续音节阶段，再到学话萌芽阶段的发展；1岁之后语言处于发展期，开始真正掌握语言，经历了由单词句阶段发展到双词句阶段，再到简单句阶段；3～6岁儿童的语言进入一个全新的阶段，语言发展更加准确、完整、流畅和丰富。

##### 2. 从笼统到分化

儿童最初的心理活动是笼统、弥漫而不分化的。无论是认识活动还是情绪，发展趋势都是从混沌或暧昧到分化和明确。也可以说，最初是简单和单一的，后来逐渐复杂化和多样化。

例如，儿童最初的情绪只有愉快和不愉快之别。后来，逐渐出现喜爱、高兴、快乐和痛苦、嫉妒、畏惧等复杂而多样的情感。儿童分类经验的发展经历了由基本水平到下位水平也是认知分化的表现，儿童首先学会的是基本水平的概念，如鸟、鱼等，然后再学习鸟的下位类概念，如麻雀、喜鹊、鸽子等，鱼的下位类概念，如草鱼、带鱼、鲈鱼等，对鸟和鱼的种类掌握更加细致和丰富。

#### （二）从具体到抽象

儿童的心理活动最初是非常具体的，以后越来越抽象化和概括化。从思维的发展来看，幼儿早期以直觉行动思维为主，幼儿中期以具体形象思维为主，幼儿末期抽象逻辑思维开始萌芽。

例如,《3～6岁儿童学习与发展指南》指出,儿童在理解数与数之间的关系时,4～5岁儿童的目标是能通过实际操作理解数与数之间的关系,如5比4多1;2和3合在一起是5;5～6岁儿童的目标是能借助实际情境和操作(如合并或拿取)理解"加"和"减"的实际意义,能通过实物操作或其他方法进行10以内的加减运算。

### (三)从被动到主动

儿童心理活动最初是被动的,心理活动的主动性后来才发展起来,并逐渐提高,直到成人阶段具有极大的主观能动性。儿童心理发展的这种特点主要表现在以下两个方面。

#### 1. 从无意向有意发展

儿童最初的心理活动是直接受外来影响支配的。随着年龄的增长,儿童逐渐开始出现了自己能意识到的、有明确目的的心理活动,然后发展到不仅意识到活动目的,还能够意识到自己的心理活动进行的情况和过程。从幼儿中期开始,儿童已能初步按成人的要求做事;5～6岁时的儿童已能初步控制自己的行为,有目的地进行活动,心理活动开始向有意性发展。

例如,小班的小朋友们在认真听老师讲故事,突然有一个人走过来了。这时,小朋友们的注意力被这个人吸引住了,并且是不自主的,也没有预定目的。这是因为儿童的注意力在3岁前基本上属于无意注意,3～6岁学前阶段的儿童无意注意占优势,有意注意逐渐发展。

#### 2. 从主要受生理制约发展到自己主动调节

幼小儿童的心理活动很大程度上受生理局限,随着生理的成熟,心理活动的主动性也逐渐增长。

例如,学前阶段儿童持续观察的时间比较短,很容易受主体当时的情绪、兴趣的影响,也受客体变化的影响,而转移观察对象。随着生理的成熟,观察的持续时长逐渐增加,也会表现出以自身目的为指向的观察能力,表现为个体的主动选择与调节。

### 【小试牛刀】

老师带着小朋友们到户外观察果树。小班阶段表现为东张西望,不能完成老师所要求的观察任务;到了大班,他们能认真完成老师的要求,完整地说出果树的特征。这说明学前儿童心理的发展趋势是( )。

A. 从简单到复杂          B. 从具体到抽象

C. 从被动到主动          D. 从零乱到成体系

参考答案:C。

### (四)从零乱到成体系

儿童的心理活动最初是零散杂乱的,心理活动之间缺乏有机的联系。幼小儿童一会儿哭,一会儿笑,一会儿说东,一会儿说西,都是心理活动没有形成体系的表现。正因为不成体系，心理活动非常容易变化。

例如，学前儿童在描述兔子时，可能会说："这是一只白色的兔子，它长得很可爱，它喜欢吃胡萝卜，长着长长的耳朵，它喜欢吃青菜，有一双红红的眼睛。"这些内容是杂乱无章的，没有逻辑顺序。

随着年龄的增长，心理活动逐渐组织起来，有了系统性，形成了整体，有了稳定的倾向，呈现出每个人特有的个性。

## 二、学前儿童心理发展的特点

### （一）发展既有连续性又有阶段性

儿童心理发展的连续性是指心理前后发展之间是有联系的，表现为以下两个方面。

(1) 心理的先前发展是后来发展的基础，而后来的发展是先前发展的结果。

(2) 原先的心理发展水平进入高一级的心理发展水平之后，先前的心理发展水平并不是简单地消亡，而是被高一级水平整合和包容。

儿童心理时刻都在发生量的变化，随着"量变"积累到一定程度，就发生"质变"，便出现一些带有本质性的重要差异。这些变化带来显著的差异，使儿童心理发展呈现出"阶段性"。

例如，儿童的自我意识产生和发展经历着 1 岁前的自我感觉的发展阶段、1~2 岁的自我认识的发展阶段、2~3 岁的自我意识的萌芽的发展阶段、3 岁以后的自我意识各方面的发展阶段。

儿童心理发展一般采取渐变的形式，在原有的质的特征占主要地位时，已经开始出现新的特征的萌芽，而当新的特征占主要地位之后，往往仍有旧的特征的表现。发展之间一般不出现突然的中断，阶段之间具有交叉性。

### （二）发展具有不平衡性

儿童发展的不平衡性表现为以下三个方面。

#### 1. 不同年龄阶段发展的不平衡

儿童的心理发展在不同时期变化的速度是不同的，儿童年龄越小，发展的速度就越快。学前期和青春期是发展的两大加速期，其他年龄阶段的发展速度相对平稳。即使同是学前期，不同时间发展的速度也是不一样的。许多研究表明，人的智力发展最快的时期是出生后的前几年，幼儿期是人智力发展的关键时期。

#### 2. 不同儿童心理发展的不均衡

年龄相同的儿童，心理发展的速度却往往有所差异。有的儿童 1 岁开始说话，有的儿童 1 岁半开始说话，但他们都是语言发育正常的儿童。

#### 3. 不同方面发展的不均衡

儿童心理活动的各个方面并不是均衡发展的。有的方面在较早年龄阶段就已达到较高的发展水平,有的则要到较晚的年龄才能达到较为成熟的水平。

例如,3 岁的童童只会说一个词来表示一句话,如用"球球"表示"这儿有一个球""老师,我想玩球"等意思,并且总重复表达仅有的常用字。但是他很喜欢画画,画面丰富、有情节性。从语言发展来看,童童的书面语言良好,但口头语言发展较迟缓。

### (三)发展的方向性和顺序性

发展的方向性和顺序性是指儿童心理发展总体上看是积极向上的,不断进步的。既不能逾越,也不会逆向发展,按由低级到高级、由简单到复杂的顺序进行。尽管儿童个体的心理在发展过程中会出现个别差异,心理发展的速度也存在加速或延缓的问题,但发展的方向和顺序不会改变。

#### 1.方向性

方向性是指儿童心理的发展都是从简单、被动、具体朝着较复杂、主动、抽象的方向发展,并逐步完善,尽管会出现一些反复甚至是倒退的现象,但整体的方向性不变。

例如,有的儿童 1 岁时开始说一些有意义的词语,1 岁以后,无意义的连续音节大大减少,他们往往只用手势和动作来进行表达,独处时也停止了那种自发的发音活动,出现了一个短暂的相对沉默期。但是过一段时间,儿童的语言又开始发展。

#### 2.顺序性

顺序性是指儿童心理发展各个阶段的衔接或更替,是不能省略、逆转或捏造的,总是遵循固定的顺序。

### (四)发展具有差异性

在同一时期,个体之间的心理特点上的发展是不一样的,包括性格、能力、兴趣等方面,每个儿童的心理发展都有自身的优势领域。

例如,有的儿童绘画比较好,有的儿童擅长舞蹈,有的儿童观察比较敏锐,有的儿童善于语言表达。

造成学前儿童发展差异性的原因是多方面的,既有先天的因素,又有环境和教育的影响。作为幼教工作者,要最大程度地发挥学前儿童的优势,促进学前儿童的学习与发展。

## 第二节　学前儿童心理发展年龄特征

## 一、定义

学前儿童心理发展的年龄特征是指在一定的社会和教育条件下,学前儿童在各个年龄阶段中表现出来的一般的、本质的、典型的特征。

学前儿童接触的环境是心理发展年龄特征的基础，对学前儿童心理发展年龄阶段特征的形成起着非常重要的作用。学前儿童心理发展的年龄特征与儿童的生理发展有一定的关系，学前儿童心理的发展是要以生理的发展作为基础的。正因为如此，不同的学前儿童心理上虽然有差异，但同一年龄段的学前儿童也表现出大体相同的特征。

## 二、学前儿童心理年龄特征的稳定性和可变性

### （一）稳定性

一般来说，学前儿童心理发展的年龄特征具有相对的稳定性。一百年前和几十年前儿童心理学所揭示的学前儿童心理发展年龄特征的基本特点，仍然适用于当代学前儿童。不同文化背景下的学前儿童心理发展在诸多方面也具有共同性。学前儿童心理发展年龄特征具有稳定性，取决于内在影响因素没有改变。

(1) 儿童脑的结构和机能的发展是有一个大致稳定的顺序和阶段。

(2) 人类知识经验本身是有一定顺序性的，儿童掌握人类知识经验也必须遵循这一顺序，都有一个从低级到高级、从简单到复杂、从外表到本质的过程，都需要经历相应的时间。

(3) 儿童从掌握知识经验到心理机能发生变化，也要经过一个大体相同的量变到质变的过程。

### （二）可变性

儿童心理发展的年龄特征是在一定的社会和教育条件下形成的。受时代进步的影响，教育方式和社会条件发生了变化，儿童心理发展的特征有所变化，这就构成了儿童心理年龄特征的可变性。

### （三）稳定性与可变性是辩证统一的

儿童心理发展年龄阶段既有稳定性，又有可变性，它们的关系是相对的。儿童的心理年龄在一定范围内可以变化，变化是有限度的，并且围绕儿童年龄特征的稳定性上下波动。

基于稳定性与可变性的辩证统一，我们要重视社会条件和教育工作对儿童心理发展年龄特征的作用，改善儿童的社会生活条件和教育条件，促进儿童心理发展年龄特征的变化。但是也不能不顾儿童年龄特征而盲目地对儿童提出过高的要求，过分夸大社会条件特别是教育工作的作用。

## 三、与年龄阶段有关的几个概念

### （一）转折期（危机期）

在儿童心理发展的两个阶段之间，有时会出现心理发展在短时期内急剧变化的情况，

称为儿童心理发展的转折期。儿童由于心理发展迅速而易产生不适应情况，往往容易产生强烈的情绪表现，如变得非常烦躁、哭闹不止，也可能出现儿童和成人关系的突然恶化。

由于儿童心理发展的转折期常常出现对成人的反抗行为，甚至是各种不符合社会行为准则的表现，因此，也有人把转折期称为危机期。

例如，2岁半的儿童自我意识开始萌芽，会有反抗、自私、发小脾气等行为；3岁儿童常常表现出反抗行为或执拗现象，变得比较"叛逆"，常常对成人的任何指令都说"不""我不""偏不"，以示对成人的反对。

在转折期（危机期），需要成人在掌握、理解儿童心理发展规律的情况下，正确引导儿童心理的发展。

### （二）敏感期

敏感期这一概念最早是在动物心理的实验研究中提出的。20世纪五六十年代，奥地利著名的动物学家劳伦兹发现，刚出壳的幼鸟或和刚生下来的哺乳动物会把几小时内看到的活动对象（人或其他东西）当作母亲一样紧紧尾随。这种现象仅在极为短暂的时期内发生，错过了这个时刻尾随反应则不能发生，劳伦兹将这种情况叫做"印刻"，印刻的时期称为敏感期。

敏感期是指一个对象在迅速形成的时期，对外界的刺激特别敏感的时期。学前儿童心理发展的敏感期是指学前儿童在某个时期最容易学习某种知识技能或形成某种心理特征的时期。在敏感期实施教育，对学前儿童来说有事半功倍的作用，过了这个时期就难以弥补。

### （三）最近发展区

最近发展区理论是由苏联教育家维果茨基（Lev Vygotsky）提出的。维果茨基的研究表明，学前儿童的发展存在两种水平：一种是已经达到的发展水平，指独立活动时所能达到的解决问题的水平；另一种是可能达到的发展水平，表现为"儿童还不能独立地完成任务，但在成人的帮助下，在集体活动中，通过模仿，却能够完成这些任务"。这两种水平之间的距离，就是"最近发展区"。最近发展区是学前儿童心理发展潜能的主要标志，也是学前儿童可以接受教育程度的重要标志。

### 【小试牛刀】

"最近发展区"理论是苏联的心理学家（　　）提出来的。

A.维果茨基　　　　　　　　B.斯宾塞

C.杜威　　　　　　　　　　D.皮亚杰

参考答案：A。

## 第三节　学前儿童心理发展的影响因素

### 一、客观因素

#### （一）遗传因素

遗传是一种生物现象，在个体身上表现为遗传素质，是指天生的解剖生理特点，包括机体的构造、形态、感官和神经系统的特征等通过基因传递的生物特性，而其中最主要的是大脑和神经系统的解剖特点。遗传因素是心理发展的物质前提和自然条件。

遗传对学前儿童心理发展的作用体现在以下两个方面。

##### 1. 提供发展人类心理的最基本的物质前提

人类在进化过程中，脑和神经系统高级部位的结构和机能达到高度发达的水平，形成了其他一切生物没有的生物特质。人类共有的这些遗传素质是使儿童有可能形成达到社会所要求水平的心理的最初步、最基本的条件。

##### 2. 奠定学前儿童心理发展个别差异的最初基础

每个学前儿童的遗传存在差异性，决定了心理活动所依据的物质基础的差异，从而影响到心理机能的差异。学前儿童在后天的成长过程中，会接受不同环境的影响，也会对遗传起一定的影响作用。英国心理学家西里尔·伯特 (Cyril Burt) 的研究表明：在一起长大的无血缘关系的儿童智力相关很小，而有血缘关系的儿童之间的智力相关依家族谱系的亲近程度而逐渐增高，同卵双生子的智商有很高的相关。

不同血缘关系者智商间的相关系数如表 3-1 所示。

表 3-1　不同血缘关系者智商间的相关系数

| 变　　量 | 影　响　因　素 | | | |
|---|---|---|---|---|
| 遗传变量 | 同卵双生子 | 同卵双生子 | 非孪生兄弟姐妹 | 无血缘关系儿童 |
| 环境变量 | 一起长大 | 分开长大 | 一起长大 | |
| 智商相关 | 0.85 | 0.74 | 0.59 | 0.46 | 0.26 |

#### （二）生理成熟

生理成熟是指身体生长发育的程度或水平，也称生理发展。生理成熟使学前儿童心理活动的出现或发展处于准备状态。美国心理学家格塞尔的双生子爬梯实验说明了个体发展是由成熟因素决定的。若在个体某种生理结构和机能达到一定成熟时，适时地给予个体恰当的刺激，就会使相应的心理活动有效地出现或发展。如果个体生理上尚未成熟，即使给予某种刺激，也难以取得预期的结果。

例如，儿童粗大动作的发展顺序为：抬头、翻身、坐、爬行、站立、走、跑、跳和平衡，有的家长在儿童能够单独坐的时候就着急买来学步车，想让儿童学走路。这种做法不符合儿童发育的过程，因为行走是负重运动，略过爬行过早行走会影响儿童下肢的发育，爬行对身体各部位动作的协调起着至关重要的作用。

儿童体内各大系统成熟的顺序是：神经系统最早成熟，骨骼肌肉系统次之，最后是生殖系统。

【知识拓展】

## 双生子爬梯实验

实验中双生子 T 和 C 在不同年龄开始学习爬楼梯。T 从出生后第 46 周起就接受爬梯训练，每日练习 10 分钟，C 则不进行此种训练。6 周后，T 爬 5 级梯只需 26 秒，而 C 却需 45 秒。C 则从第 53 周开始，仅训练 2 周，就超过了 T 的水平。

通过双生子爬梯实验，格塞尔认为在没有达到成熟水平之前，训练儿童去学习和掌握某种技能，效果是不佳的，学习依赖于成熟所提供的准备状态。

这个实验启示人们，早期教育不能违背儿童身心发展的自然规律与发展内在的"时间表"，要耐心地等待儿童训练或学习某项教育内容所需要的成熟的身心条件。

### （三）社会环境

环境和教育是影响学前儿童心理发展的社会因素。学前儿童的发展是以自身为主体与周围的环境相互作用的过程，社会的生产力水平、社会制度、社会文化等为个体的发展提供机遇、条件和对象等，使遗传这种客观的物质由可能性变成现实性，影响着学前儿童的发展水平和方向。

## 二、主观因素

### （一）学前儿童心理自身的内部因素是心理发展的内部原因

学前儿童的心理活动是学前儿童心理发展的原因，影响学前儿童心理发展的主观因素，包含学前儿童的全部心理活动，如需要、兴趣爱好、能力、性格、自我意识和心理状态等。游戏是幼儿的基本活动，在游戏情境下，有助于幼儿增强各种能力。

例如，学前儿童扮演角色保持站立不动的姿势，远远超过非游戏情境下幼儿站立不动的时间。

### （二）学前儿童心理内部矛盾是推动心理发展的根本原因或动力

婴幼儿心理的内部矛盾是由外界环境和教育引起的，概括为两个方面：新的需要和旧的心理水平或状态。这两种心理反应之间总是不一致的，不一致即差异，差异就是矛盾。两者不断发生矛盾，总是处于相互否定、相互斗争中，有了新的需要就不满足于已有的水平。

　　学前儿童心理内部矛盾的两个方面又是互相依存的。一方面，他们的需要依存于学前儿童原有的心理水平或状态，因为需要总是在一定的心理发展水平或状态的基础上产生的；另一方面，一定的心理水平的形成又依存于相应的需要。没有需要，学前儿童就不去学习任何知识技能，心理水平就不能提高。教育的任务是根据已有的心理水平和心理状态，提出恰当的要求，帮助学前儿童产生新的矛盾运动，促进其心理发展。

## ▶▶ 🎙 本章考点

### 1. 名词解释

(1) 转折期；(2) 敏感期；(3) 最近发展区。

### 2. 简答

(1) 简述学前儿童心理发展的趋势。
(2) 简述影响学前儿童心理发展的因素。

## ▶▶ 🎙 课后习题

### 一、选择题

　　1. 百年前和几十年前儿童心理学研究所揭示的学前儿童心理发展年龄特征的基本点，至今仍适用于当代儿童，这说明儿童心理发展特征的 (　　) 特点。

　　A. 延续性　　　　　　　　　B. 多变性

　　C. 稳定性　　　　　　　　　D. 可变性

　　2. 学前儿童学习某种知识和形成某种能力或行为比较容易、学前儿童心理某个方面发展最为迅速的时期，称为 (　　)。

　　A. 转折期　　　　　　　　　B. 敏感期

　　C. 危机期　　　　　　　　　D. 最近发展区

　　3. 导致学前儿童身心发展差异性的物质基础是 (　　)。

　　A. 遗传差异　　　　　　　　B. 教育差异

　　C. 环境差异　　　　　　　　D. 物质差异

　　4. 双生子爬楼梯实验说明儿童心理发展过程中 (　　) 的作用。

　　A. 遗传素质　　　　　　　　B. 家庭教育

　　C. 文化环境　　　　　　　　D. 生理成熟

　　5. 教师拟定教育活动目标时，以学前儿童现有发展水平与可以达到的水平之间的距离为依据。这种做法体现的是 (　　)。

　　A. 维果茨基的最近发展区理论　　B. 班杜拉的观察学习理论

C. 皮亚杰的认知发展理论　　　　D. 布鲁纳的发展教学法

## 二、简答题

如何科学理解"三岁看大，七岁看老"？

## 三、材料分析题

亮亮是个活泼的孩子，平时一刻也不停下。一天，他看见班上有一架遥控飞机，就问："老师，这是什么？""这是遥控飞机。"亮亮又问："它为什么会飞啊？""因为有遥控器。""为什么有遥控器就会飞啊？""因为遥控器里面有电池。"趁老师不注意，亮亮偷偷用剪刀撬开了遥控飞机。老师看见了，很生气地批评了他，亮亮大哭着说："我想看看里面有什么秘密。"

1. 亮亮的行为体现了哪些性格特点？请根据案例分析。
2. 结合案例提出合理的教育建议。

【开放式问答】

李老师认为，要从小对儿童进行习惯培养，就对班上的小朋友严格要求，却引起了家长的反感。你怎么看待这种教育理念？

【德育角】

习近平在庆祝中国共产主义青年团成立100周年大会上的讲话中提到：青年的命运，从来都同时代紧密相连。1840年鸦片战争以后，中国逐步成为半殖民地半封建社会，国家蒙辱、人民蒙难、文明蒙尘，中华民族遭受了前所未有的劫难。一批又一批仁人志士为救国救民而苦苦追寻，一大批先进青年在"觉醒年代"纷纷觉醒。伟大的五四运动促进了马克思主义在中国的传播，拉开了新民主主义革命的序幕，也标志着中国青年成为推动中国社会变革的急先锋。

# 第四章
## 学前儿童感知觉和观察力的发展

**场景呈现**

　　妈妈放假了，陪着东东去户外玩沙子。过了一会儿，妈妈对东东说："7点了，已经晚上了，咱们该回家了。"但是东东指着太阳说："妈妈，太阳公公还没下班回家，现在是下午，再玩会儿。"

　　思考：这反映了学前儿童感知时间的什么特点？

**学习目标**

　　1. 掌握学前儿童感知觉的类型和发展特点；
　　2. 掌握学前儿童观察能力的发展特点。

**知识框架**

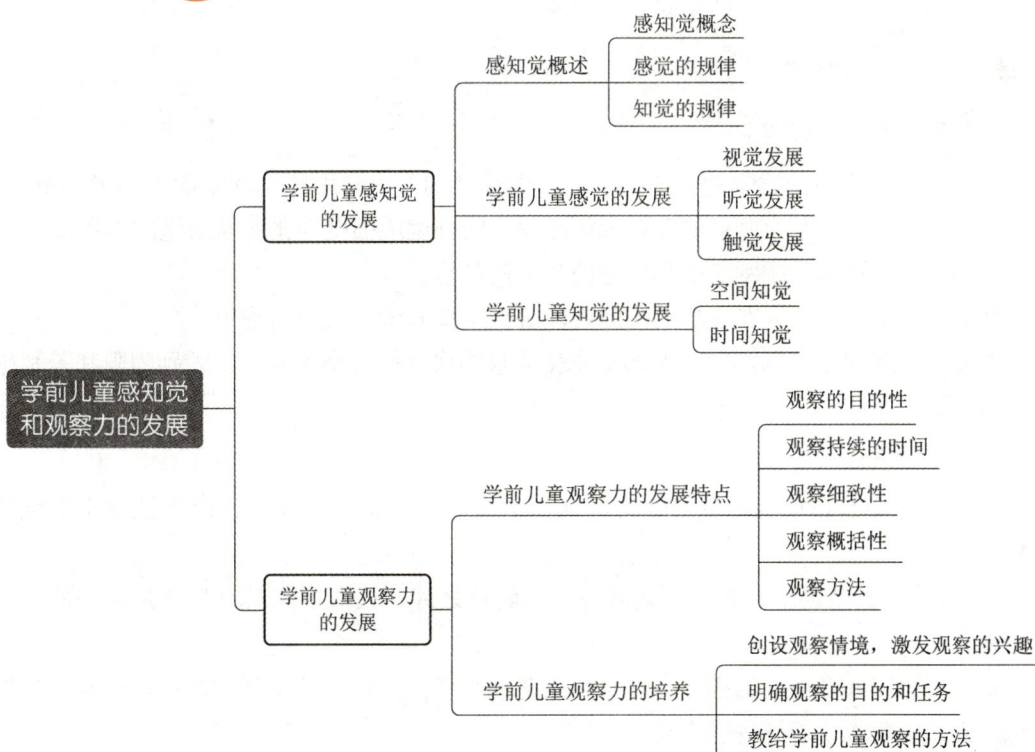

## 第一节　学前儿童感知觉的发展

### 一、感知觉概述

#### （一）感知觉概念

感觉是人脑对直接作用于感官的客观事物的个别属性的反映，如看到的颜色、听到的声音、尝到的味道、摸到的触感等。

外部感觉是由机体以外的客观刺激引起、反映外界事物个别属性的感觉，包括视觉、听觉、嗅觉、味觉和触觉。内部感觉是由机体内部的客观刺激引起、反映机体自身状态的感觉，包括运动觉、平衡觉和机体觉。运动觉反映身体运动状态的变化，平衡觉反映身体位置的变化，机体觉反映身体疲劳、饥渴和内脏器官活动不正常。

知觉是人脑对直接作用于感觉器官的客观事物的整体反映。当客观事物直接作用于感觉器官时，人们头脑中不仅反映的是事物的个别属性，而且也反映事物的整体。人们在认识事物时，不仅通过感觉器官去认识它的颜色、味道、形状等，还要通过脑的分析和综合活动，从整体上得出它的名称。知觉是以感觉为基础产生的，受经验的影响。根据对象不同，知觉分为空间知觉、时间知觉和社会知觉。

#### （二）感觉的规律

##### 1. 感受性和感觉阈限

感觉器官对刺激的感觉能力叫感受性。感受性的大小是用感觉阈限的大小来度量的。感觉阈限是指人感到某个刺激的存在或刺激变化的强度或强度变化所需的量的临界值。

绝对感觉阈限是指刚刚能引起感觉的最小刺激量。

例如，正常听力的人在安静的房间内能听到距离 6 米处表的滴答声。

差别感觉阈限是指刚刚能引起感觉变化的事物属性的最小差异量。差别阈限和差别感受性成反比关系。

##### 2. 感觉的适应

感觉的适应是指相同的刺激物持续地作用于某一特定感受器而使感受性发生变化的现象。

例如，"入芝兰之室，久而不闻其香；入鲍鱼之肆，久而不闻其臭"就是典型的嗅觉适应现象。

适应可以引起感受性的提高，也可以引起感受性的降低。通常强刺激可以引起感受性降低，弱刺激可以引起感受性提高。

例如，一个人由亮处到暗处，起初会感到看不清周围的环境，过一会儿才能逐渐分辨身边的物体，这是对暗的适应过程，称作暗适应。反之，当从暗处到明处，最初会感到光线刺眼，什么也看不见，过一会儿视力才恢复正常，称作明适应。暗适应的持续时长为30～40分钟，明适应的持续时长大约为5分钟。

此外，各种感觉的适应速度和程度表现出明显的差异性。除了视觉适应外，还有嗅觉、味觉、听觉、味觉等其他感觉的适应。

### 3. 感觉的对比

两种不同的刺激物作用于某一特定感受器而使感受性发生变化的现象称为感觉的对比。感觉的对比可以分为两种：同时对比和继时对比。

几个刺激物同时作用于某种特定的感受器时，产生的是同时对比。例如，"月明星稀""月暗星密"现象。

刺激物先后作用于同一感受器时，产生的是继时对比。例如，吃了柠檬后再吃西瓜，西瓜会显得格外甜。

### 4. 联觉

当某种感官受到刺激时出现另一种感官的感觉和表象，这种现象叫联觉。颜色感觉容易产生联觉。红色、橙色、黄色引起温暖的感觉，称为暖色调；蓝色、青色、绿色引起凉爽的感觉，称为冷色调。

### 5. 感受性练习

人的感受性通过练习可以得到提高，这一规律在感觉缺陷者（盲、聋）和专门从事某种职业的人身上表现得特别明显。

盲人丧失视觉，其他感觉器官如耳朵变得更加灵敏，以弥补视觉的缺陷，这是身体机能的"代偿现象"。特殊职业者由于长期使用某种感官，相应的感觉就发展起来了。

## （三）知觉的规律

### 1. 知觉的选择性

人对同时作用于感觉器官的所有刺激并不都发生反应，只能根据需要选择少数事物作为知觉的对象，这种特性称为知觉的选择性。被选择的就成为知觉的对象，没有被选择的就成为背景。例如，你在图4-1里看到了什么？

图4-1　人头花瓶

### 2. 知觉的整体性

当作用于感觉器官的刺激在不完整的情况下时，人并不把知觉的对象感知为个别的孤立部分，而总是把它知觉为一个整体。知觉的整体性有赖于人的经验。例如，图 4-2 里有哪些形状？

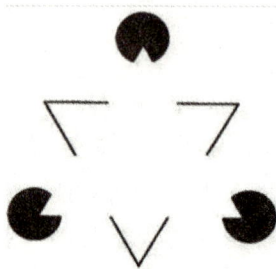

图 4-2　主观轮廓

### 3. 知觉的理解性

人在知觉事物时根据自己的知识经验，对感知的事物进行加工处理，赋予它确定的含义，并用语词把它标志出来的特性，称为知觉的理解性。例如，你认为图 4-3 里发生了什么事？

图 4-3　知觉的理解性

### 4. 知觉的恒常性

当客观事物的物理特性在一定范围内发生变化的时候，知觉映象仍保持相对不变的特性，称为知觉的恒常性。常见的知觉恒常性有亮度恒常性、大小恒常性、形状恒常性等。例如，你认为图 4-4 中四个物体分别是什么？

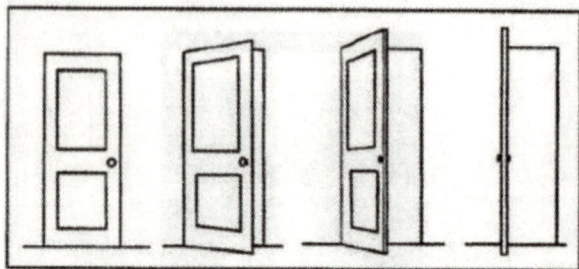

图 4-4　知觉的恒常性

## 二、学前儿童感觉的发展

### （一）视觉发展

视觉是人类最重要的感觉器官，大约有 80% 的信息来自视觉。视觉最早出现在胎儿 4、5 个月时，大约从 25 周起胎儿的视网膜发育完全，虽然胎儿与外界隔着子宫和肚皮，但强光仍然能够穿透。

例如，当有一束强光照在母亲腹部时，睁开眼睛的胎儿就会转脸避开光线。因此，可以通过"光照胎教法"训练胎儿的视觉功能，帮助胎儿形成昼夜周期节奏。

#### 1. 视觉集中

通过两眼肌肉协调，能够把视线集中在适当的位置观察物体。新生儿的视觉调节能力还比较差，只能对特定距离的物体进行聚焦。出生一周时，孩子的视力趋于近视，只能把视力集中于 8～15 厘米远的物体上；一周后，可以看见 3 米远的物体。此外，新生儿能够用眼追随移动的物体。

例如，在新生儿头上部的位置放置一个物体或光源做垂直方向的移动，新生儿就会观察到，用眼睛追随。

#### 2. 视敏度

视敏度俗称视力，是指眼睛能精确地辨别细小物体或处于一定距离以外的物体的能力，也就是发现物体的形状或体积最小差别的能力。整个婴幼儿期，儿童的视敏度是不断提高的。

#### 3. 颜色视觉

颜色视觉是区分颜色细微差别的能力，又称为辨色力。3 个月的婴儿不但能够根据明度辨别颜色，而且能够根据色调辨别颜色。儿童对颜色很敏感，对色彩有偏爱，出现"视觉偏好"现象，即喜欢带颜色的物体，不喜欢无色的物体，喜欢看明亮鲜艳的颜色，尤其是红色，不喜欢看暗淡的颜色。他们偏爱的颜色依次为红、黄、绿、橙、蓝等，所以我们经常用红色的玩具来逗引孩子也正是这个道理。

3 岁的儿童能认清基本颜色，但不能很好地区别各种颜色的色调，如蓝和天蓝、红和粉红等；区别各种色调细微差别的能力在 4 岁时才逐渐发展起来，并逐渐认识一些混合色；6～7 岁儿童区分色调明度和饱和度细微差别的能力有了进一步的提高。

### （二）听觉发展

近代心理学研究发现，不仅新生儿具有明显的听觉能力，就是尚未出生的胎儿也有了明显的听觉反应。有研究表明，6 个月以上的胎儿对母亲的语言有反应，对不同的乐曲声也有不同的反应。新生儿不仅能听到声音，还能区分声音的高低、强弱、品质和持续的时间。

例如，在新生儿耳边摇铃或拨浪鼓，他会以某种方式活动他的身体或转头，表示听到了声音。

学前儿童的听觉敏感性随年龄的增长而不断提高：5～6 岁幼儿在 55～65 厘米距离处

能够听到钟摆的摆动声；6～8岁儿童在100～110厘米处能够听到。人的听力在成年期开始逐渐降低，到年老时，高频声音的听觉能力会逐渐丧失。

### （三）触觉发展

触觉是皮肤受到机械刺激产生的感觉，是肤觉和运动觉的联合，是学前儿童认识世界的重要手段。

#### 1. 口腔探索

新生儿出生后，即出现了吸吮反射，对物体的触觉探索最早是通过口腔的活动进行的，即通过口腔触觉认识物体。口腔触觉作为探索手段，早于手的触觉探索。弗洛伊德认为儿童在1.5岁以内处于口唇期，这一时期儿童通过吮吸、咀嚼、吞咽、咬等口腔刺激获得食物和快感。

儿童1岁之前，口腔探索是认识事物的重要手段。当儿童手的触觉探索活动发展起来以后，口腔的触觉探索逐渐退居次要地位。但是，在相当长的时间内，甚至到3岁，儿童仍然以口腔触觉探索作为手的探索活动的补充。

**【小试牛刀】**

为什么成人会允许0～18个月的婴幼儿"吃手"或"品尝玩具"的行为发生？如果禁止该类行为的发生，会对其后续的成长产生什么影响？

参考答案：该阶段儿童处于口唇期，口腔探索是认识事物的重要手段。如果禁止此类行为的发生，成年后他应该比其他人更专注于食物和饮料。压抑时可能通过与口有关的活动来降低紧张，例如抽烟、喝酒或咬指甲；生气时，会表现为口头上的攻击性。

#### 2. 手的探索

儿童出生后就有了手的本能抓握，继抓握活动之后出现了手的无意识性抚摸，儿童的手无意间碰到东西，如被子的边缘时，会沿着边缘抚摸被子，这是一种无意识的触觉活动，也是一种早期的触觉探索。

4～5个月手眼协调动作出现，即视觉和手的触觉动作协调活动（伸手能够抓住东西）是儿童认知发展的重要里程碑，也是手的真正触觉探索的开始，手的探索活动更加准确。

7个月左右儿童开始积极主动地触觉探索，当他们学会了眼手协调之后，会逐渐用手去抓握、摆弄物体，把东西握在手里摇动、挤弄或者把它丢开。

3岁以后的学前儿童，手的探索依然是他们认识世界的一种主要方式，伴随手的操作，幼儿能够对事物进行思考和判断。

## 三、学前儿童知觉的发展

### （一）空间知觉

#### 1. 形状知觉

形状知觉是人们对物体形状特性的认识，包括物体的轮廓及各部分的组合关系的知觉。对儿童来说，辨别不同平面图形的难度有所不同，由易到难依次为圆形→正方形→三角形→长方形→半圆形→椭圆形→梯形。

不同年龄阶段的学前儿童图形认知能力如下。

(1) 3~4 岁：体验和感知阶段，能笼统感知区分几种基本图形和物体，但是还不能确切地依照图形的基本特征来认识图形，而是与现实生活中熟悉的物体相对应。例如，把"圆形"叫作"饼干""皮球"等。

(2) 4~5 岁：关注图形基本特征，能识别并命名不同图形。

(3) 5~6 岁：整体感知阶段，能识别命名并建构图形。

【小试牛刀】

(　　) 是学前儿童最早掌握的几何形状。

A. 圆形与三角形　　　　　　B. 圆形与正方形

C. 正方形与长方形　　　　　D. 三角形与正方形

参考答案：B。

### 2. 大小知觉

所谓视觉恒常性，是指客体的映象在视网膜上的大小变化，并不导致对客体本身知觉的变化。4 个月的儿童已经具备大小知觉的恒常性。6 个月前的儿童已经能辨别大小。2 岁半至 3 岁儿童已经能够按语言指示拿出大皮球或小皮球，3 岁以后判断大小的精确度有所提高。

学前儿童对图形大小判断的正确性要依赖图形本身的形状。学前儿童判断圆形、正方形和等边三角形的大小较容易，而判断椭圆、长方形、菱形和五角形的大小有困难。

学前儿童判断大小的能力还表现在判断的策略上。4~5 岁的学前儿童在判别积木大小时，要用手逐块地去摸积木的边缘，或把积木叠在一起去比较。而 6~7 岁的学前儿童，由于经验的作用，已经可以凭借视觉指出一堆积木中大小相同的积木。

### 3. 深度知觉

深度知觉即立体知觉，是判断自身与物体，或者物体与物体之间距离的知觉。为了解儿童深度知觉的发展状况，吉布森和沃克设计了"视崖"实验，实验表明 6 个月大的儿童已有深度知觉。

深度知觉的发展受经验的影响比较大。婴幼儿的深度知觉是随着经验的丰富而逐步发展的。有研究表明，10~13 个月才开始爬行的婴儿，其深度知觉发展仅相当于正常 7~9 个月的婴儿。在户外活动时，学前儿童往往会由于深度知觉发展得不足而出现安全问题，家长和老师应予以重视。

### 4. 方位知觉

方位知觉是个体对自身或物体所处的位置和方位的反映。学前儿童方位知觉的发展主要表现在对上下、前后、左右方位的辨别上，发展规律有以下三个。

(1) 从上下到前后，再到左右。

(2) 从以自身为中心到以客体为中心。

(3) 从近的区域范围到远的区域范围。

研究发现，婴儿出生后已有对方向的定位能力。6个月以前的婴儿，在黑暗中能够依靠听觉指导去抓物体。1岁多刚会走路的儿童，已能辨别室内的方位，知道某些用品或食品所在的位置，也知道出门的方向。

研究表明，学前儿童对上下、前后、左右方位的认识会经历一个较长的发展过程。一般来说，儿童在3岁时能正确辨别上下方位，4岁时能正确辨别前后，5岁时开始能以自身为中心辨别左右，7岁时才能够以客体为中心辨别左右。

学前儿童方位知觉发展早于对方位词的掌握。当学前儿童还不能很好地掌握左右方位的相对性和方位词的时候，在教学时可以把左右方位词与实物结合起来，让他们借助身体部位来学习方位。应特别注意的是，幼儿园教师面向学前儿童做示范动作时，其动作要以学前儿童的左右为基准，采取"镜面教学"方式。例如，学习儿歌《伸出去 收回来》时，教师在面对着学前儿童说"我伸出左手去"时，要伸自己的右手。

**【知识拓展】**

### 伸出去 收回来

我伸出左手去，我收回左手来；我伸出左手摆一摆，左手收回来。

我伸出右手去，我收回右手来；我伸出右手摆一摆，右手收回来。

我伸出双手去，我收回双手来；我伸出双手摆一摆，双手收回来。

### （二）时间知觉

时间知觉是个体对客观现象的延续性和顺序性的知觉。但由于时间的抽象性和学前儿童认知水平的局限，婴幼儿知觉时间比较困难，难以准确把握时间。学前儿童时间知觉的发展表现出以下特点。

(1) 以自身的生活经验作为时间关系的参照物。

(2) 对时间顺序的认识由近及远，由短周期到长周期，先认识时序的固定性，再认识时序的相对性。

(3) 对时间长度从主观感受和单一维度出发进行判断。

(4) 对时间词汇的理解和掌握存在一定的困难。

(5) 在掌握时间概念的过程中，逐渐把时间因素和空间因素分开。

幼儿前期的儿童主要以人体生理上的变化来体验时间。例如，婴儿到饭点感到饿，如果没吃到奶要哭闹。

幼儿初期，学前儿童的时间知觉与具体事物和事件相联系。通过感受生活中接触到的周围现象的变化，他们逐渐学习了借助于某种生活经验（生活作息制度、有规律的生活事件等）和环境信息反映时间。

例如，白天天亮、有太阳，晚上天黑、有月亮；"早晨"就是起床、上幼儿园的时候，"下午"则是家人来接的时候，"晚上"是上床睡觉的时间。

幼儿中期，学前儿童可以正确理解"昨天""明天"，也能运用"早晨"和"晚上"等词，但是对较远的时间，如"前天""后天"等，理解起来仍感到困难。对时间相对性的认知水平仍然较低。

幼儿晚期，学前儿童能正确把握一日之内的时序，但对延伸时序的认知欠佳；能学会看钟表等；初步建立起时间的周期性观念。但他们对更大或更小的时间单位，如几个月、几分钟等辨别仍感到困难。

【小试牛刀】

学前儿童认为"早上是到外面玩的时候""下午是午睡起来以后""晚上是爸爸妈妈来接我们回家的时候"，等等。这说明学前儿童主要依靠（　　）来认识时间。

A."生物钟"　　　　　　　B.生活作息制度

C.季节变化　　　　　　　D.钟表日历

参考答案：B。

# 第二节　学前儿童观察力的发展

## 一、学前儿童观察力的发展特点

### （一）观察的目的性

随着年龄的增长，学前儿童观察目的性逐渐加强。3岁儿童的观察已经带有一定的目的性，但水平低；4～5岁时明显提高；6岁时就能够按活动任务进行活动了。任务越具体，幼儿观察的目的性就越明确，观察的效果就越好。

幼儿初期，观察的目的性较差，常常不能自觉地、有目的地去观察不感兴趣的任务，或者观察的坚持性不强。

幼儿中、晚期，观察的目的性有所提高，能够按照成人规定的观察任务进行观察，排除一些干扰和困难，完成预定的观察任务。

### （二）观察持续的时间

观察持续的时间短，与学前儿童观察的目的性不强和兴趣特点有关。对于喜欢的东西，观察的时间就长些，如果不喜欢，观察的时间就短。比如观察金鱼，时间可达5～6分钟；观察盆景，则只有1～2分钟。因为前者是活动多变的，学前儿童比较感兴趣。研究表明，3～4岁幼儿坚持观察图片，一次的持续时间平均只有6分8秒，5岁增加到7分

6 秒，6 岁可达 12 分 3 秒。可见，学前儿童观察持续的时间会随着年龄的增长而显著延长。

### （三）观察细致性

3 岁儿童观看图形时，眼动轨迹杂乱无规律，视线或者停留在图形的某个部位，或者在某个部位来回扫视，而不会沿图形的轮廓移动。

4~5 岁的儿童眼动的轨迹逐渐符合图形的轮廓，但仍有不少游离。

6 岁儿童的眼动轨迹，已经能够基本上符合图形的轮廓。

可见，学前儿童要到幼儿晚期，才能按照一种合理的顺序，稳定地观察事物。

同时，学前儿童的观察一般是笼统的，只看事物的表面和明显较大的部分，而不去看事物较隐蔽的、细致的特征；只看事物的轮廓，不看其中的关系。

### （四）观察概括性

幼儿初期，学前儿童观察到的一般是事物零散的特征、孤立的现象，无法把握事物的本质特征。中期和晚期学前儿童能有顺序地进行观察，能获得事物比较完整的、系统的印象，能概括出事物的本质特征。

### （五）观察方法

学前儿童的观察，从以依赖外部动作向以视觉为主的内心活动发展。幼儿初期，观察时常常要边看边用手指点，也就是说，视知觉要以手的动作为指导。以后，学前儿童有时用点头代替手的指点，有时用出声的自言自语来帮助。幼儿末期，可以摆脱外部支持，借助内部言语来控制和调节自己的知觉。

学前儿童的观察是从跳跃式、无序性逐渐向有序性的观察发展。幼小儿童的观察是跳跃式的，缺乏顺序。经过教育，学前儿童能够学会有顺序地从左向右、从上到下、从外到里进行观察。

例如，小班的幼儿在观察乌龟时，一会儿观察眼睛，一会儿观察有没有尾巴，又观察嘴巴是什么样子的，再观察乌龟的壳和四肢，没有固定的观察顺序。

## 二、学前儿童观察力的培养

### （一）创设观察情境，激发观察的兴趣

为激发学前儿童的观察兴趣，应尽可能多地提供丰富的自然环境和物质环境，让学前儿童尽可能在真实的、自然的环境中观察。

例如，在幼儿园环境创设时做到"春有花、夏有荫、秋有果、冬有绿"；在自然角和饲养区养一些小动物，如金鱼、乌龟、蝌蚪、蚕等。

### （二）明确观察的目的和任务

观察的目的和任务越明确，学前儿童的观察效果越好。

例如，在观察前，教师可以预设几个观察的维度：外形特征、结构特点、属性习性、变化规律等；如果是两种及以上的观察对象，要引导学前儿童通过比较观察，归纳相同点，区分不同点。

### （三）教给学前儿童观察的方法

教给学前儿童常用的观察方法，让学前儿童学会自觉地、全面地、细致地观察物体和现象。例如，根据观察对象的不同特征，让学前儿童选择合适的观察方法。

(1) 特征观察法。掌握观察对象的典型、主要特征。

(2) 顺序观察法。按照从上到下、从左到右、从外到内、从整体到局部的顺序观察。

(3) 比较观察法。对观察对象间的相同点和不同点进行对比、分析和总结。

(4) 多角度观察法。从观察对象的正面、侧面、上面、下面、远距离、近距离、静态、动态等多种角度观察。

## ▶▶ 🎧 本章考点

### 1. 名词解释

(1) 感觉；(2) 知觉；(3) 感受性；(4) 绝对感觉阈限；(5) 知觉恒常性。

### 2. 简答

(1) 简述学前儿童感知觉发展的特点。

(2) 简述学前儿童观察力的培养策略。

## ▶▶ 🎧 课后习题

### 一、选择题

1. 新生儿出生后就能听到声音，但听觉阈限在最好的情况下也比成人高，随着年龄的增长，婴儿的听觉阈限（    ）。

    A. 逐步上升                B. 保持平稳

    C. 逐步下降                D. 基本消失

2. 一闻到水果的香味，马上能说出水果的名称。这种心理现象是（    ）。

    A. 感觉                      B. 知觉

    C. 味觉                      D. 嗅觉

3. 吉布森和沃克进行的"视崖实验"被称为发展心理学的经典实验之一，是一项旨在研究婴幼儿（    ）的实验。

    A. 空间知觉                B. 方位知觉

    C. 深度知觉                D. 距离知觉

4. 学前儿童认为下午就是到户外玩的时间，这说明学前儿童的时间知觉（    ）。

A. 与具体事物和事件相联系　　　B. 与生物钟相联系

C. 与季节变化相联系　　　D. 与日夜变化相联系

5. "入芝兰之室，久而不闻其香；入鲍鱼之肆，久而不闻其臭"，这体现了 (　　)。

A. 感觉的对比　　　B. 感觉的适应

C. 知觉的选择性　　　D. 知觉的不理解性

6. 贝贝喝糖水之后吃橘子，觉得橘子好酸；妈妈喂贝贝喝了苦瓜汤后，贝贝觉得喝白开水都有点甜。这体现了 (　　)。

A. 同时对比的现象　　　B. 联觉

C. 继时对比　　　D. 感觉的补偿作用

## 二、简答题

简述学前儿童常用的观察方法。

### 【开放式问答】

自然角的金鱼死了，孩子们准备给它举行葬礼。你怎么看待幼儿的这种做法？

### 【德育角】

习近平总书记在党的二十大报告中指出，坚持以人民为中心发展教育，加快建设高质量教育体系，发展素质教育，促进教育公平。

# 第五章　学前儿童动作与意志的发展

## 场景呈现

当学前儿童期待已久的某个玩具正被别的小朋友使用时，他会在旁边耐心等待；当他们在游戏中扮演了某个角色，就会始终履行角色赋予的职责；他们会一动不动地待在座位上，直到听见自己的名字被叫才站起来，小心翼翼不让自己碰到桌椅发出声响。学前儿童的这些表现代表着什么呢？

## 学习目标

1. 掌握学前儿童动作的发展；
2. 掌握学前儿童意志的发展。

## 知识框架

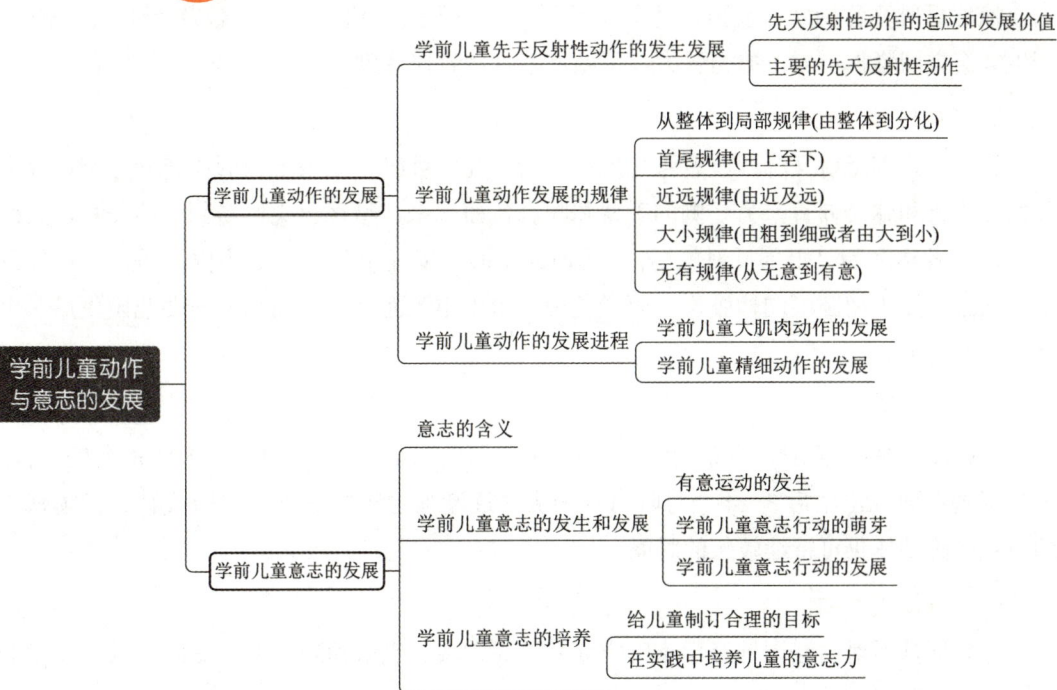

## 第一节　学前儿童动作的发展

### 一、学前儿童先天反射性动作的发生发展

先天反射性动作又称为无条件反射，是人生来就有的条件反射，表现为固定的刺激作用于一定的感受器引起的恒定活动。

#### （一）先天反射性动作的适应和发展价值

新生儿主要通过皮层下中枢控制的先天反射获得营养和保护；随着个体年龄的增长，先天反射动作的练习还有利于个体自主控制动作的发生和发展。

由于先天反射性动作和个体神经系统发展具有紧密联系，因此它在临床上经常成为新生儿神经系统发展状况检查的重要指标。如果反射性动作的时间表严重偏离平均水平或某些反射缺失、明显减弱、动作不对称，那就意味着个体神经系统的发展可能出现了异常。

#### （二）主要的先天反射性动作

##### 1. 抓握反射

抓握反射又称为掌心反射、达尔文反射。当用手指、铅笔或木棒触及新生儿手掌时，新生儿会立即紧握不放，握力强大，可以使其身体悬挂片刻。

##### 2. 强直性颈部反射

强直性颈部反射又称四肢紧张性反射。新生儿仰卧时，如果把他的头转向一侧，那么其同侧手臂和腿会伸直，另一侧的手臂和腿会弯曲起来，呈现出类似击剑者的姿势，因此也有研究者称之为"击剑反射"。强直性颈部反射在婴儿出生后的数周内能防止其由仰卧滚向俯卧，或由俯卧滚向仰卧，从而避免婴儿由于俯卧而窒息。此反射在婴儿出生后 3 个月左右时消失。

##### 3. 吸吮反射

吸吮反射是指当用乳头或手指触碰新生儿口唇时，新生儿会出现口唇及舌的吸吮动作。该反射约在婴儿出生后 3～4 个月时自行消失，逐渐被主动的进食动作所代替，但睡眠中的自发吸吮动作仍可持续较长的时间。

##### 4. 巴宾斯基反射

巴宾斯基反射由法国神经学家巴宾斯基首先发现。当触摸新生儿脚底时，其大拇指会

缓缓上翘，其余各指则呈扇形展开。巴宾斯基反射在出生 6 个月后逐渐消失，但在睡眠和昏迷中还可引发此反射。以后再这样刺激儿童，会出现与成人相同的脚底反射，即脚趾会向里屈曲；若再出现巴宾斯基反射，则一般为锥体束受损的表现。

### 5. 惊跳反射

惊跳反射又称搂抱反射，这是一种全身动作。当新生儿感到身体突然失去支持或突然受到强声刺激时，会仰头、挺身、双臂伸直、手指张开，然后弯身收臂，紧贴胸前，做搂抱状。这种现象在 3～5 个月时消失。

### 6. 踏步反射

踏步反射又称行走反射或者无意识步行。正常新生儿处于清醒状态时，双手托住其腋下使之直立，并使上半身稍向前倾，脚触及床面，他就会交替伸脚，做出似乎要向前行走的动作，看上去很像动作协调的行走。此反射在新生儿出生后不久出现，6～10 周时消失。

### 7. 游泳反射

把新生儿横着托起、呈俯卧状放在水中，他就会用四肢做出动作协调的游泳反射。这种反射可能也是种系发生过程中遗传下来的，与个体在母体内的液体环境有关。6 个月后此反射消失，若再将婴儿放入水中他就会挣扎乱动；直到 8 个月后，婴儿才可能出现随意的游泳动作。

## 二、学前儿童动作发展的规律

### （一）从整体到局部规律（由整体到分化）

儿童最初的动作是全身性的、笼统的、弥漫性的，是运动神经纤维还没有完成髓鞘化的结果。随着神经纤维髓鞘化的完成，以后动作逐渐分化、局部化、准确化和专门化。

例如，儿童最早抓握笔的动作包括整个手和手臂的运动，在抓握笔的时候掌心向上，手掌和手指一起活动来抓握笔，通过手臂和肘部的运动来调整笔的位置，但在手指的协调运动能力发展后，儿童逐渐更习惯于用手指来调整握笔姿势和笔的位置，拇指和其他四指开始在绘画和书写技能中起到越来越重要的作用，手臂和肘部的运动频率迅速下降。

### （二）首尾规律（从上至下）

儿童动作的发展，先从上部动作开始，然后到下部动作。婴儿最早出现的是眼的动作和嘴的动作。半个月内的婴儿，双眼协调动作就已经出现。上肢动作的发展早于下肢动作。儿童先学会抬头，然后能俯撑、翻身、坐和爬，最后学会站和行走，也就是从离头部最近的部位的动作开始发展。"三抬、四翻、六坐、七滚、八爬、九扶、周岁会走"，这大概括了儿童大动作发展的过程。

**【小试牛刀】**

（判断题）婴儿动作发展的顺序是抬头→翻身→坐→爬→站→行走。　　　（　　）

参考答案：正确。

### （三）近远规律（由近及远）

大肌肉支配的动作比小肌肉支配的动作发展早，头部和躯干的动作发展较早，然后发展双臂和腿部的动作，最后是手的精细动作。也就是靠近中央部分（头和躯干，即脊椎）动作先发展，然后才发展边缘部分（臂、手、腿）的动作。

例如，婴儿看见物体时，先是移动肩肘，用整只手臂去接触物体，然后才会用腕和手指去接触并抓取物体。

**【小试牛刀】**

（判断题）学前儿童动作发展呈现出从中央部分的动作到边缘部分的动作趋势，称为近远规律。　　　（　　）

参考答案：正确。

### （四）大小规律（由粗到细或者由大到小）

动作可以分为粗大动作和精细动作。儿童动作的发展，先从粗大动作开始，而后才学会比较精细的动作。粗大的动作是指活动幅度较大的动作，也是大肌肉群的动作，包括抬头、翻身、坐、爬、走、跑、跳、踢、走平衡等。大肌肉动作常常伴随强有力的大肌肉的伸缩和全身运动神经的活动，以及肌肉活动的能量消耗。精细动作是指小肌肉动作，如抓、握、拍、打、敲、捏、拧、挖等。

### （五）无有规律（从无意到有意）

婴儿最初的动作是无意地做出各种动作，既无目的也不知道自己在做什么，以后的动作越来越多地受到心理意识的支配。

例如，初生婴儿已会用手紧握小棍，这是无意的、本能的动作，几个月以后，婴儿才逐渐能够有意地、有目的地去抓物体。

## 三、学前儿童动作的发展进程

### （一）学前儿童大肌肉动作的发展

大肌肉动作指身体的姿势、头的平衡，以及坐、爬、立、走、跑、跳的能力，儿童大肌肉动作在不同年龄呈现不同发展水平，如表5-1所示为儿童大动作发育行为的评估内容。

表 5-1　0～6 岁儿童大肌肉动作的评估量表 [①]

| 序号 | 项　目 | 月　龄 | 序号 | 项　目 | 月　龄 |
|---|---|---|---|---|---|
| 1 | 抬肩坐起头竖直片刻 | 1 月龄 | 27 | 脚尖走 | 21 月龄 |
| 2 | 俯卧头部翘动 | | 28 | 扶楼梯上楼 | |
| 3 | 拉腕坐起头竖直短时 | 2 月龄 | 29 | 双足跳离地面 | 24 月龄 |
| 4 | 俯卧头抬离床面 | | | | |
| 5 | 抱直头稳 | 3 月龄 | 30 | 独自上楼 | 27 月龄 |
| 6 | 俯卧抬头 45° | | 31 | 独自下楼 | |
| 7 | 扶腋可站片刻 | 4 月龄 | 32 | 独脚站 2 s | 30 月龄 |
| 8 | 俯卧抬头 90° | | | | |
| 9 | 轻拉腕部即坐起 | 5 月龄 | 33 | 立定跳远 | 33 月龄 |
| 10 | 独坐头身前倾 | | | | |
| 11 | 仰卧翻身 | 6 月龄 | 34 | 双脚交替跳 | 36 月龄 |
| 12 | 会拍桌子 | | | | |
| 13 | 悬垂落地姿势 | 7 月龄 | 35 | 交替上楼 | 42 月龄 |
| 14 | 独坐直 | | 36 | 并足从楼梯末级跳下 | |
| 15 | 双手扶物可站立 | 8 月龄 | 37 | 独脚站 5 s | 48 月龄 |
| 16 | 独坐自如 | | 38 | 并足从楼梯末级跳下稳 | |
| 17 | 拉双手会走 | 9 月龄 | 39 | 独脚站 10 s | 54 月龄 |
| 18 | 会爬 | | 40 | 足尖对足跟向前走 2 m | |
| 19 | 保护性支撑 | 10 月龄 | 41 | 单脚跳 | 60 月龄 |
| 20 | 自己坐起 | | 42 | 踩踏板 | |
| 21 | 独站片刻 | 11 月龄 | 43 | 接球 | 66 月龄 |
| 22 | 扶物下蹲取物 | | 44 | 足尖对足跟向后走 2 m | |
| 23 | 独站稳 | 12 月龄 | 45 | 抱肘连续跳 | 72 月龄 |
| 24 | 牵一手可走 | | 46 | 拍球（2 个） | |
| 25 | 独走自如 | 15 月龄 | 47 | 踢带绳的球 | 78 月龄 |
| | | | 48 | 拍球（5 个） | |
| 26 | 扔球无方向 | 18 月龄 | 49 | 连续踢带绳的球 | 84 月龄 |
| | | | 50 | 交替踩踏板 | |

## （二）学前儿童精细动作的发展

精细动作指使用手指的能力，儿童精细动作在不同年龄呈现不同发展水平，如表 5-2

---

[①] 转自《0 岁～6 岁儿童发育行为评估量表》。

所示为儿童精细动作发育行为的评估内容。

表 5-2　0～6 岁儿童精细动作的评估量表

| 序号 | 项　目 | 月　龄 | 序号 | 项　目 | 月　龄 |
|---|---|---|---|---|---|
| 1 | 触碰手掌紧握拳 | 1 月龄 | 27 | 水晶线穿扣眼 | 21 月龄 |
| 2 | 手的自然状态 | | 28 | 模仿拉拉锁 | |
| 3 | 花铃棒留握片刻 | 2 月龄 | 29 | 穿过扣眼后拉线 | 24 月龄 |
| 4 | 拇指轻叩可分开 | | | | |
| 5 | 花铃棒留握 30s | 3 月龄 | 30 | 模仿画竖线 | 27 月龄 |
| 6 | 两手搭在一起 | | 31 | 对拉锁 | |
| 7 | 摇动并注视花铃棒 | 4 月龄 | 32 | 穿扣子 3～5 个 | 30 月龄 |
| 8 | 试图抓物 | | | 模仿搭桥 | |
| 9 | 抓住近处玩具 | 5 月龄 | 33 | 模仿画圆 | 33 月龄 |
| 10 | 玩手 | | | 拉拉锁 | |
| 11 | 会撕揉纸张 | 6 月龄 | 34 | 模仿画交叉线 | 36 月龄 |
| 12 | 弄倒桌上一积木 | | | 会拧螺丝 | |
| 13 | 耙弄小丸 | 7 月龄 | 35 | 拼圆形、正方形 | 42 月龄 |
| 14 | 自取一积木，再取另一块 | | 36 | 会用剪刀 | |
| 15 | 拇食指捏小丸 | 8 月龄 | 37 | 模仿画方形 | 48 月龄 |
| 16 | 试图取第三块积木 | | 38 | 照图组装螺丝 | |
| 17 | 拇食指捏小丸 | 9 月龄 | 39 | 折纸边角整齐 | 54 月龄 |
| 18 | 从杯中取出积木 | | 40 | 筷子夹花生米 | |
| 19 | 拇食指动作熟练 | 10 月龄 | 41 | 照图拼椭圆形 | 60 月龄 |
| 20 | | | 42 | 试剪圆形 | |
| 21 | 积木放入杯中 | 11 月龄 | 43 | 会写自己的名字 | 66 月龄 |
| 22 | | | 44 | 剪平滑圆形 | |
| 23 | 掌握拿笔 | 12 月龄 | 45 | 拼长方形 | 72 月龄 |
| 24 | 试把小丸投小瓶 | | 46 | 临摹组合图形 | |
| 25 | 自发乱画 | 15 月龄 | 47 | 临摹六边形 | 78 月龄 |
| | 从瓶中拿到小丸 | | 48 | 试打活结 | |
| 26 | 模仿画横线 | 18 月龄 | 49 | 学翻绳 | 84 月龄 |
| | | | 50 | 打活结 | |

## 第二节　学前儿童意志的发展

### 一、意志的含义

意志是个体自觉的确定目的，根据目的支配自己的行动，并在行动时克服困难，实现预定目的的心理过程。

例如，在表演游戏"三打白骨精"中，为了完成故事情节，扮演"小姑娘"的丫丫小朋友在被"打死"后躺在地上，保持同一个姿势长时间不动，即使被其他小朋友拍打到身体也一动不动，直到剧情快结束时才起身退场。

意志是人类特有的心理现象，是人主观能动性的集中表现，是在人们认识世界、改造世界的需要中产生的，也是在人类不断深入地认识世界和更有效地改造世界的过程中得到发展的。

### 二、学前儿童意志的发生和发展

#### （一）有意运动的发生

根据无目的性和努力的程度，运动分为无意运动和有意运动。无意运动又称不随意运动，是没有意识到的被动运动，是天生的无条件反射。

有意运动又称随意运动，是人为了达到某种目的而主动支配自己肌肉的运动。幼儿的有意运动是在人类社会生活环境的影响下，在成人的指导下逐渐掌握的。

例如，儿童手部精细动作的发展，0～3月为本能抓握，是无意识的抓握；4个月后发展经历了有意识的抓握、手指协调抓握、双手协作等，是有意识的动作。

#### （二）学前儿童意志行动的萌芽

意志行动是一种特殊的有意识行动，其特点不仅在于自觉地意识到行动的目的和行动过程，而且在于努力克服前进的困难。

婴儿因为生理和心理发育水平的限制，其意志行动往往缺乏明确的目的，行动带有很大的冲动性或盲目性，一般多是从兴趣出发，不假思索就开始行动。当他们在行动过程中遇到困难或者外界的引诱时，很容易改变原来的行动方向，不能坚持到底，更谈不上行动的自觉性了。

例如，婴儿在游戏时，会经常被其他刺激吸引注意力而更换游戏。

1岁以后，儿童的动作中具有了更加明显的意志行动的特征。这时儿童能够设法探索各种新的方法，通过"尝试错误"去排除在自己行动中为达到目的遇到的各种困难。但整个学前期，儿童的意志行动处于比较低级的阶段。

例如，儿童在进行科学探究时，由于经验水平和思维特点所限，探究解决问题的过程和方法具有很大的"试误性"，需要尝试多次或不断排除无关因素，才能接近答案。

### （三）学前儿童意志行动的发展

#### 1. 行动目的性的发展

幼儿期是行动目的开始形成的时期。随着随意动作的发生、发展，特别是实践经验的丰富以及成人的教育，学前儿童逐渐能够意识到自己的行动结果。同时，学前儿童言语调节机能的获得，使学前儿童逐渐掌握一些表达行动目的或自己愿望的口头用语。这样学前儿童逐渐能在行动之前，确定行动目的，并按照目的去行动。

3～4岁儿童行动往往缺乏明确的目的，行为带有很大的冲动性，行动是混乱而无条理的。往往受到外界的干扰，易停止行动或改变方向。

4～5岁儿童行动目的逐渐形成，逐渐能服从成人的指示和要求，并按照既定的目的去行动。但是这种目的性不够稳定。

5～6岁儿童已经能够提出比较明确的行动目的。能较长时间控制自己集中注意力，听从成人的指示并较好地完成任务。由于学前儿童获得了有意动作的经验，能意识到自己的行动结果。

例如，学前儿童观察目的的发展顺序如下。

第一阶段，以兴趣为指向的观察。对一些自己喜欢的、感到新异的事物与现象比较有兴趣，但是由于年龄尚小，在观察时大多缺乏目的性。

第二阶段，以外在任务为指向的观察。在成人观察任务的指引下，幼儿会根据观察目的坚持一段时间。

第三阶段，以自身目的为指向的观察。不仅能根据成人的要求进行观察，而且能够根据观察目的，排除一些干扰和困难，完成预定的观察任务。

#### 2. 坚持性的发展

坚持性是指个体长久地维持已经开始的、符合目的的行动，坚持实现目的、任务的意志品质。学前期儿童逐渐能坚持行动，努力达到预定的目的。

学前初期儿童逐渐能在感兴趣的活动中坚持行动。此外，也逐渐能在成人的提醒和帮助下坚持完成成人或集体所交给的一些任务。

学前中期或晚期儿童逐渐能自觉地坚持行动达到预定的目的。他们在行动中还能提出一些活动的细节，想出一些活动的方法，使自己能更加顺利地坚持行动，达到预定目的。

学前晚期儿童发展了责任感、义务感等高级情感，使他们能够坚持完成比较困难的任务，坚持达到比较远大的目的。

#### 3. 自制能力的发展

自制力是个体控制和支配自己行为的意志品质，包括善于促使自己去做应该做的、正确的事情和善于抑制自己不正确的行为、消极的情绪和冲动。二者结合，则体现为"延迟满足"。"延迟满足"是个体为了长远利益而自愿延缓目前享受的行为，即平常所说的"忍耐"。

**【知识拓展】**

### 延迟满足实验

心理学家给4岁左右的被试儿童每人一颗非常好吃的软糖，同时告诉他们，如果马上吃的话，就只有这一颗；如果20分钟后再吃，就可以再得到一颗软糖。有的孩子急不可待，把糖马上吃掉了；而另一些孩子则耐住性子、闭上眼睛或头枕双臂做睡觉状，也有的孩子用自言自语或唱歌来转移注意消磨时光以克制自己的欲望，从而获得了更丰厚的报酬。

心理学家继续跟踪研究参加这个实验的孩子们，考察他们在十几年后的表现。跟踪研究的结果显示：那些能等待并最后吃到两颗软糖的孩子，他们具有一种为了更大、更远的目标而暂时牺牲眼前利益的能力，学习成绩要相对好一些，在事业上的表现也较为出色，更容易获得成功。

学前儿童的自制力比较弱，大多不善于控制、支配自己的行动，常常表现出很大的冲动性和明显的"不听话"现象，年龄越小表现越明显。学前儿童的自制力，总的来说是比较弱的。

3岁儿童的自制力很差，行动中冲动性行为占主导地位，言语指导和诱因对自控无明显作用，常有语言与行为脱节现象的发生；4~5岁儿童的自制力开始有了较大的发展，诱因开始具有较为明显的激励作用，但对行为的自控还很不稳定；5~6岁儿童能比较主动地控制自己的愿望和行动，努力使之符合集体的行为规则和成人的各项要求，自制力得到明显发展，尤其是控制外部行动的自制力发展更为明显，但是还不能较好地控制自己的内部心理过程。艾里康宁的"捉迷藏"实验很好地证实了不同年龄阶段儿童自制力的状况。

**【知识拓展】**

### 艾里康宁"捉迷藏"实验

艾里康宁曾做了这样一个实验：跟不同年龄的幼儿玩捉迷藏游戏。

在3岁的幼儿藏起来之后，艾里康宁没有立刻去找他，而是故意在他旁边等了两三分钟，假装找不到。这时候幼儿控制不了自己便主动跳出来，大声喊道："我在这儿呢！"

而规则和结果对6岁幼儿开始有了特殊的意义。艾里康宁让一个6岁幼儿跟一个3岁幼儿一起躲藏起来，又假装找不到他们，很快就能听到幼儿兴奋和压低的语声，3岁的幼儿又要暴露自己，但是6岁的幼儿不许他出声，然后捂住他的嘴不让发出声音，强迫对方遵守规则。

## 三、学前儿童意志的培养

### （一）给学前儿童制订合理的目标

指导和帮助学前儿童制订目标，使之有努力奋斗的方向。鼓励学前儿童尝试有一定难度的任务，并注意调整难度，让他感受经过努力获得的成就感。

例如，为了培养孩子锻炼的习惯，家长和孩子一起制订每天的运动计划和目标，并督促孩子完成。

### （二）在实践中培养学前儿童的意志力

#### 1. 生活活动

培养学前儿童自身良好的生活习惯，要求学前儿童自己的事情自己做，并能持之以恒。家长应让学前儿童自己吃饭、穿衣、收拾玩具等，如果学前儿童遇到障碍不能完成这些活动，家长应该耐心等待让他自己克服困难去解决，或者提供必要的指导，培养学前儿童的独立意志。

#### 2. 教学活动

教学活动是有目的、有计划地影响学前儿童身心发展的活动，需要学前儿童保持有意注意，提高其注意的稳定性，促进学前儿童坚持性的发展，进而为形成学前儿童良好的学习品质作准备。

例如，在体育活动时开展丰富多样、适合学前儿童年龄特点的各种身体活动，如走、跑、跳、攀、爬等，鼓励幼儿坚持下来，不怕累。

#### 3. 游戏活动

"游戏是幼儿的基本活动"，是学前儿童喜爱的活动，通过游戏可以培养学前儿童的忍耐与毅力。在游戏中，学前儿童必须使自己的意见和他人的看法协调起来，学会控制自己的行为，遵守游戏规则。

例如，学前儿童在角色游戏中扮演了某个角色，必须履行与该角色相关的社会职责：医生要为病人看病、厨师要为客人炒菜、顾客买单要排队等，如果违反游戏规则，表现出与角色不相符的语言和行为，就会遭到同伴的责备。

## ▶▶ ◉ 本章考点

### 1. 名词解释

(1) 巴宾斯基反射；(2) 意志；(3) 延迟满足。

### 2. 简答

(1) 简述学前儿童动作的发展规律。

(2) 简述学前儿童意志的发展趋势。

## ▶▶ ◉ 课后习题

### 一、选择题

1. 儿童先学会抬头，然后能俯撑、翻身、坐和爬，最后学会站和行走。这反映了儿童

动作发展的 (　　)。

 A. 首尾规律       B. 从整体到局部的规律

 C. 近远规律       D. 大小规律

 2. 当物体轻轻地触及新生儿的脚掌时，他本能地竖起大脚趾，伸开小趾，五个脚趾形成扇形的是 (　　)。

 A. 怀抱反射       B. 抓握反射

 C. 巴宾斯基反射     D. 巴布金反射

 3. 下列符合婴儿动作发展遵循的规律是 (　　)。

 A. 从分化动作到整体动作   B. 从上部动作到下部动作

 C. 从小肌肉动作到大肌肉动作  D. 从有意动作到无意动作

 4. (　　) 儿童能较长时间控制自己集中注意听从成人的指示并较好地完成任务。

 A. 2～3 岁       B. 3～4 岁

 C. 4～5 岁       D. 5～6 岁

 5. 婴儿手眼协调的标志动作是 (　　)。

 A. 握住手中的东西     B. 玩弄手指

 C. 伸手拿到看见的东西    D. 无意触摸到东西

## 二、简答题

简述学前儿童动作发展的规律。

## 三、材料分析题

在一项行为试验中，教师把一个大盒子放在幼儿面前，对幼儿说："这里面有一个很好玩的玩具，一会儿我们一起玩。现在我要出去一下，我回来之前，你不能打开盒子看，好吗？"幼儿回答："好的。"老师把幼儿单独留在房间里，下面是两名幼儿在接下来两分钟的不同表现。

幼儿 1：眼睛一会儿看墙，一会儿看地上，尽量不让自己看盒子，小手也一直放在腿上。教师再次进来问："你有没打开盒子？"幼儿说："没有。"

幼儿 2：忍了一会，禁不住打开盒子偷偷看了一眼。教师再次进来问："你有没有打开盒子？"幼儿说："没有，这个玩具不好玩。"

请分析上述材料中两名幼儿各自表现出的行为特点。

### 【开放式问答】

幼儿园的张老师认为：只要不出安全问题，其他都是小事。你怎么看待这种教育理念？

### 【德育角】

2021 年 9 月 8 日，在第 37 个教师节来临之际，习近平总书记专门给全国高校黄大年式教师团队代表回信，对团队取得的成绩予以充分肯定，对广大教师提出殷切期望，并向全国广大教师致以节日问候。请谈谈你对黄大年式教师精神的理解。

# 第六章

# 学前儿童的注意

## 场景呈现

小班幼儿在高兴地参观完幼儿园后，老师让他们喝水，随后便迫不及待地进行谈话活动。老师问："你们在幼儿园里都看到了什么？"（没有幼儿举手，但有幼儿自言自语）老师走到一位小男孩面前请他说。他说："我看见了树和房子。"老师再问："其他小朋友看见了什么？"（有两三个幼儿举手）老师发现刚才的小男孩又举了手，便马上对他说："你举手发言真多，真棒！"并奖励给他一朵小红花。但大多数幼儿对老师的做法无动于衷，谈话匆匆结束。

思考：为什么小班幼儿会有这些表现？反映了小班幼儿哪些心理特点？

## 学习目标

1. 了解注意的概念、种类及特征；
2. 掌握学前儿童注意发展的特点及培养方法。

## 知识框架

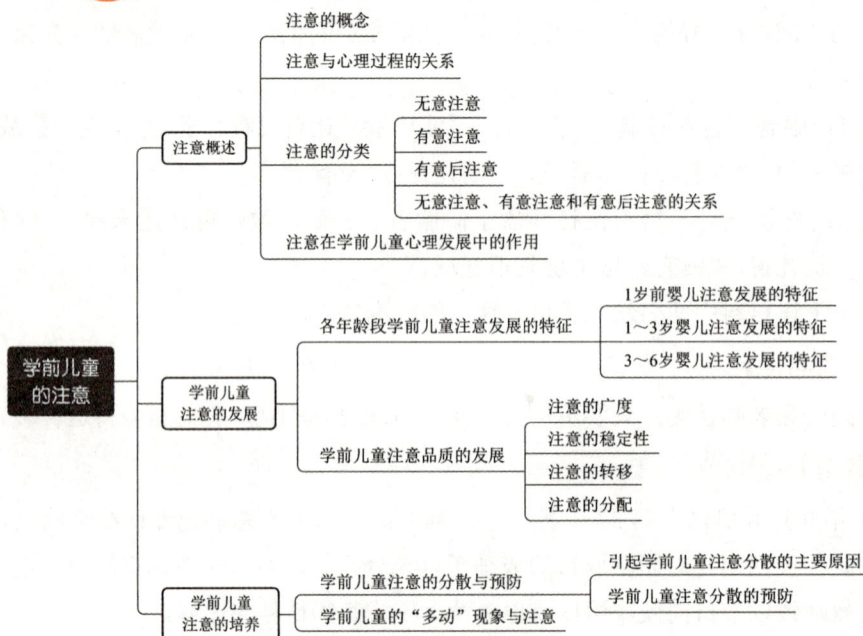

# 第一节　注意概述

"注意"这个词语在我们生活当中出现的频率很高，当幼儿发现一件很奇特的玩具时，他的头就会转向这个玩具，并且他的眼睛就会一直盯着这个玩具。此时，我们可以说，这名幼儿正在注意这个玩具。幼儿做游戏、玩玩具、听故事，以及生活和学习都离不开注意。注意能直接影响每个人的行为和活动，是任何实践活动中都不能缺少的一种心理活动。那么，从心理学角度来看，注意是什么呢？

## 一、注意的概念

### （一）注意的概念和基本特点

注意是一种心理状态，是心理活动对一定对象的指向和集中。因此，指向性和集中性是注意的两个基本特点。

注意的指向性是指在某一时刻人的心理活动选择了某个对象而离开了另外一些对象，使人有选择地反映事物，从而获得清晰的印象。如儿童在集中注意力看动画片的时候，容易把父母说的话当成"耳边风"；学生认真听课时，对老师讲授的内容能够清晰感知，而外界的其他事物则成为背景，变得模糊不清。

注意的集中性是指同一时间内各种有关的心理活动聚集在选择的对象上；或这些心理活动深入该对象的程度，即心理活动在一定方向上的强度和紧张度。人们平时所说的"凝神思考"就是思维活动深入集中于某个事物的体现。如当一个人在专注地阅读书籍时，他的注意力会高度集中在阅读过程中，常常会忽略与阅读无关的其他事物，注意的集中性可以使心理活动离开一切与此无关的事物，并抑制多余的活动，注意高度集中时，对周围发生的事情往往"视而不见，听而不闻"。

### （二）注意的功能

#### 1. 选择功能

注意使人们在某一时刻选择有意义的、符合当前活动需要和任务要求的刺激信息，同时避开或抑制无关刺激。它使儿童对环境中的各种刺激做出选择性反应并接受更多的信息。这是注意的首要功能，它确定了心理活动的方向，保证人们的生活和学习能够次序分明、有条不紊地进行。

#### 2. 保持功能

注意可以将选取的刺激信息在意识中加以保持，以便心理活动对其进行加工，完成相应的任务。如果选择的注意对象转瞬即逝，心理活动便无法展开，也就无法进行正常的学习和工作。它使儿童的心理活动对所选择的对象保持一种比较紧张、持续的状态，从而维持儿童的游戏、学习等活动顺利进行。

### 3. 调节与监督功能

注意可以提高活动的效率，这体现了它的调节和监督功能。在注意力集中的情况下，人可以减少错误，提高准确性和速度。另外，注意还能保证活动的顺利进行，它使儿童能够发觉环境的变化，调整自身的行为，为应付外来刺激作好相应的准备，从而能更好地适应周围环境的变化。

## 二、注意与心理过程的关系

注意本身并不能反映事物的属性和特征，所以它不是一种独立的心理活动过程，只是伴随着各种心理过程而存在的一种心理特性，与人的其他心理活动相伴进行。人们在清醒时所有的活动都必须有注意的参与。注意与人们的看、听、想、记、说等心理活动密不可分，没有注意的参与，这些心理活动都无法正常进行。

注意对人们的工作、学习和生活意义重大。人们知识经验的积累、技能的获得都离不开注意。当人们注意感知某一事物时，就可以获得对此事物外部特征清晰和完整的认识；注意思考某一问题时，问题就易于解决；注意记忆某件事情时，就记得又快又准且保持的时间也长。反之，若三心二意、心不在焉，就会一无所获。因此，注意对人们获得知识、掌握技能、思考问题等完成各种智力活动和实际操作活动发挥着重要的保证作用。

## 三、注意的分类

人们对事物的注意，有时是自然发生的，不需要任何意志努力；有时是有预定目的的，要意志努力维持；有时是有预定目的的，但不需要意志努力维持。根据注意有无预定目的和是否需要意志努力，可以把注意分为以下几种。

### （一）无意注意

无意注意，也称不随意注意，就是我们常说的"不经意"。它是指既无预定目的，又不需要意志努力的注意。如上课时，大家都在注意听课，突然某个同学大叫一声，大家会不约而同地看过去，并且不由自主地注意他，这就是无意注意。无意注意是消极、被动的注意，是对环境变化的应答性反应。在这种注意活动中，人的积极性较低。引起无意注意的原因有以下两类。

### 1. 刺激物本身的特点

刺激物本身的一些特点，如刺激物的强度、刺激物间的对比关系、刺激物的运动变化、刺激物的新异性等，都是引起无意注意的客观条件。

(1) 刺激物的强度。刺激物的强度大，容易引起无意注意。课间活动中周围微弱的声音不容易引起无意注意，而强烈的刺激则容易引起无意注意，如强烈的闪光、巨大的声响、浓烈的气味以及猛烈的撞击，都会不由自主地引起无意注意。在寂静、漆黑的房间内，微弱的烛光、时钟的嘀嗒声，也能引起无意注意。

(2) 刺激物间的对比关系。刺激物间的对比关系显著，容易引起无意注意。"万花丛中一点绿""鹤立鸡群"突出了物与周围环境差异显著，容易引起无意注意。

(3) 刺激物的运动变化。运动变化着的刺激物较无运动变化的刺激物更容易引起人们的无意注意。如夜晚中闪烁的霓虹灯、田野上奔跑的兔子等，都容易引起无意注意。

(4) 刺激物的新异性。出乎人们意料或从未见过的新异刺激，如大街上打扮新潮的人、动画片中造型奇特的人物，都容易引起无意注意。

### 2. 人自身的状态

无意注意不仅是由外界刺激物引起，而且和人的需要、兴趣、知识经验、情绪和精神状态等主观条件都有着密切关系。

(1) 需要和兴趣。需要和兴趣不仅是人们主动探索环境的内部原因，还是引起无意注意的重要条件。凡是能满足个体需要和兴趣的事物，必然会成为注意的对象。如球迷在上网浏览新闻时，足球类的新闻很容易引起他的注意；同样看一部影片，影片中的配乐与舞蹈会引起学跳舞的小姑娘的注意，而认识汽车型号的小男生则会注意影片中汽车的品牌。

(2) 知识经验。知识经验对注意有着重要影响。不识字的儿童，会对有图片的故事书长时间翻看，而全部是文字的故事书则难以引起他的注意。

(3) 情绪和精神状态。人的情绪和精神状态能直接影响其对事物的注意。良好的情绪和精神状态，可以促进人们对更多的事物产生无意注意；闷闷不乐或者精神疲惫的人，周围的事物则难以引起他的注意。

无意注意既可以帮助人们对新异事物进行定向，使他们获得对事物的清晰认识；又能使人们从当前进行的活动中被动地离开，干扰他们正在进行的活动，因而具有积极和消极两方面的作用。对教师来说，掌握无意注意的规律对于提升教育教学工作是很有帮助的。

#### （二）有意注意

有意注意，也称随意注意，就是我们常说的"刻意"。它是指有预定目的，需要一定意志努力的注意。如在重要考试前，学生学习比较抽象的知识时，由于明确了学习目的和要求，即使在单调、乏味、疲劳或环境中有干扰因素，都会通过意志努力，使注意力保持在要学习的内容上，这样的注意就是有意注意。

#### （三）有意后注意

有意后注意是指有预定目的但不需要意志努力的注意。有意注意开始以后，由于兴趣或吸引力的支持使人们达到聚精会神的忘我境界，以至于不需要特别的努力就能进行注意。

有意后注意既服从于当前的活动目的与任务，又能节省意志的努力，所以对完成长期、持续的任务特别有利，如学习。培养有意后注意的关键是发展对活动本身的直接兴趣。当我们逐渐喜爱某种复杂的智力活动或动作技能时，就会快乐地沉浸到这种活动中。在有意后注意的状态下，活动能取得更大的成效。

### （四）无意注意、有意注意和有意后注意的关系

无意注意、有意注意和有意后注意在人的实践活动中都是不可缺少的，它们紧密联系，协同作用（见表6-1）。注意在一定的条件下是可以相互转化的：无意注意在一定条件下可以转化为有意注意，而有意注意又可以发展为有意后注意。

表6-1    无意注意、有意注意和有意后注意的区别与联系

| 类型 | | 无意注意 | 有意注意 | 有意后注意 |
|---|---|---|---|---|
| 预定目的 | | 没有 | 有 | 有 |
| 意志努力 | | 不需要 | 需要 | 不太需要 |
| 引起和保持的条件 | 客观条件（刺激物的特点） | ① 强度<br>② 新颖性<br>③ 变化<br>④ 对比关系 | ① 明确的活动任务<br>② 对活动的合理组织<br>③ 对活动的间接兴趣<br>④ 个体的意志努力 | ① 以有意注意为基础<br>② 活动技能达到自动化程度<br>③ 对活动有直接兴趣 |
| | 主观条件（人的主观状态） | ① 需要和兴趣<br>② 情绪和精神状态<br>③ 知识经验和期待 | | |
| 性质 | | 低级、被动、不自觉 | 高级、主动、自觉 | 更高级、主动、自觉 |
| 优点 | | 轻松、愉快 | 服从目的任务 | 很好完成任务 |
| 缺点 | | 难维持注意 | 易感枯燥疲劳 | 不能脱离前者 |
| 注意交替规律（或转换规律） | | 在有效的实际活动中，无意注意和有意注意必须共同参与、相互配合，相互交替 | | |

### 【小试牛刀】

3岁儿童的注意基本上属于（    ）。

A. 无意注意                           B. 有意注意

C. 有意后注意                         D. 无意后注意

参考答案：A。

## 四、注意在学前儿童心理发展中的作用

注意使儿童从环境中接受更多的信息。俄国教育家乌申斯基说："注意是心灵的天窗。"只有打开注意这扇窗，周围环境的景象才会被感知。由此可见，注意是接收环境信息必不可少的"组织者"和"维持者"，是儿童学习和生活的基本能力之一。

### 1. 注意影响学前儿童感知觉的发展

注意不仅是感知的先决条件，还是研究婴儿感知发展的指标。虽然婴儿不能用语言表

达自己的心理感受及对刺激物的反应，但是通过婴儿注意的表现可以了解到他的心理反应。注意的指向性和集中性的特征使得对指向对象的感知觉是完整、清晰、突出的；儿童必须通过注意与环境中的各种信息建立联系，从而进一步通过感知觉获得指向对象的完整信息。

### 2. 注意影响学前儿童坚持性的发展

注意能增强儿童思维和行为活动的坚持性。思维和行为活动的坚持性与注意密不可分，思维活动的广度与深度、行为活动的持久性往往受注意力的限制。学前期的儿童只有在集中注意时，才能坚持思考某一问题或进行某一项活动；一旦注意转移或分散，原来的思维活动或行为活动也就终止了。

### 3. 注意影响学前儿童学习的发展

注意是感知觉、记忆、思维等心理活动不可缺少的，是学习的先决条件。儿童集中注意时，学习效果好，能力提高也快。有研究表明，超常儿童的注意力往往超过一般儿童，其学习水平也远超一般儿童。

### 4. 注意影响学前儿童个性和社会性的发展

注意力较差的儿童不能对外界信息进行有效的接收，不能及时跟上周围环境的变化，不但其智力发展受影响，而且抑制力较弱，在学校也不能很好地遵守集体行为规则，由此对儿童的人际关系也有一定的影响，甚至养成不良的行为习惯，影响其道德品质和性格的形成与发展。

## 第二节　学前儿童注意的发展

## 一、各年龄段学前儿童注意发展的特征

### （一）1岁前婴儿注意发展的特征

#### 1. 新生儿注意的特征

新生儿已经具备了注意的能力，主要表现在两个方面：一是无意注意的最初形态——定向性注意的出现；二是对刺激物表现出一定的选择性反应，这是选择性注意的萌芽。

【知识拓展】

#### 新生儿注意的规律

黑斯(Haith)提出了新生儿注意的规律如下。

(1) 新生儿在清醒时，只要光线不是过强，他都会睁开眼睛。

(2) 在黑暗中，新生儿也能保持对环境进行有控制、仔细的搜索。

(3) 在明亮的环境中，面对无形状的物体时，新生儿会在在相当广的范围内进行扫视，搜索物体的边缘。

(4) 新生儿一旦发现物体的边缘，就会停止扫视活动，视线停留在物体边缘附近，并试图用视线去跨越边缘。如果边缘离中心太远，视线不可能到达边缘，就会继续搜索其他边缘。

(5) 当新生儿的视线落在物体边缘的附近时，他会注意物体的轮廓。如白色背景上的黑色长方形，新生儿的视线就会跳到黑色轮廓上，在它附近徘徊，而不是在整个视野内游荡。这说明新生儿主要注意对比鲜明的东西、注意轮廓或形状的边缘而不是注意图案的内容。

研究表明，新生儿对外界事物已有选择性注意，且其选择性带有规律性倾向，这些倾向主要表现在视觉方面，也称为视觉偏好。新生儿对不同的对象有不同的偏好，既有对鲜明图案的偏好，又有对人脸的偏好。

## 2. 1 岁前婴儿注意发展的特点

1 岁前婴儿注意的发展，主要表现在注意选择性的发展上，具体表现为以下四个方面。

(1) 婴儿注意选择性的特点。婴儿注意的选择有以下偏好：偏好复杂的刺激物多于简单的刺激物；偏好曲线多于直线；偏好不规则的图形多于规则的图形；偏好轮廓密度大的图形多于轮廓密度小的图形；偏好集中的刺激物多于分散的刺激物；偏好对称的刺激物多于不对称的刺激物。

(2) 婴儿注意选择性的变化。婴儿注意选择性的变化主要表现在选择性注意性质和对象的变化上。

第一，从注意局部轮廓到注意较全面的轮廓。新生儿在注意 ( 视 ) 简单的形体时，会把焦点集中在形体外周单一的、突出的特征上，如方形的边、三角形的角，偶尔也会出现对轮廓较完整的扫视，但其组织程度尚差。3 个月大的婴儿的注意才会比较全面。

第二，从注意形体外周到注意形体的内部成分。新生儿在注意 ( 视 ) 某个形体时，如果该形体既有外部成分，又有内部成分，他很少注意内部成分，其注意倾向于外部轮廓。

(3) 经验在注意活动中开始起作用。3 个月以后的婴儿，生理成熟对他的注意的作用已经不像以前那么重要了，经验开始对婴儿的注意起作用。之后，随着年龄的增长，经验的作用越发重要。6 个月以后，婴儿的知识逐渐增加，他们对熟悉的事物更加注意。这在社会性方面表现得更加突出，如婴儿对母亲特别注意。

(4) 出现动作协调的注意。婴儿在 4~5 个月左右出现了手眼协调动作。这时的婴儿既能注视物体，同时又能用手摆弄物体，并使二者协调起来。这说明感觉—运动通道的注意协调起来了。

5 个月以前，婴儿的注意更多表现在注视方面。5 个月以后，随着动作的发展，婴儿注意的事物增加了，选择的范围也扩展了，可以指向拿东西、爬向某个目标等。

## （二）1～3 岁婴儿注意发展的特征

1～3 岁婴儿注意的发展和认知的发展密切联系，特别是和表象与语言的发展密切相关。

### 1. 儿童注意的发展和"客体永久性"相关

"客体永久性"是指儿童能够找到不在眼前的物体，确信在眼前消失了的东西仍然存在。在这之前，物体在儿童眼前消失，他就不再寻找，似乎物体已经不存在。这是儿童处于智慧萌芽阶段的标志。

### 2. 注意的发展开始受表象的影响

1.5～2 岁婴儿的表象开始发展，从此，婴儿的注意和表象密切联系起来。当眼前的事物和已有的表象差异太大，或者事实与期待之间出现矛盾时，婴儿会产生最大的注意。

例如：婴儿的母亲原本是长发而且没有戴眼镜，但有一天她把头发剪短，还带上了眼镜，此时婴儿母亲的形象与婴儿大脑中已有的母亲的表象产生了较大的差距，这会引起幼儿的注意。

### 3. 注意的发展开始受言语的支配

言语作为第二信号系统的刺激物，不仅能够引起婴儿的注意，而且支配着婴儿注意的选择性。1 岁半以后的婴儿，开始能够集中注意在玩玩具、看图片、念儿歌、听故事、看电视、看电影等活动上。这些注意活动和表象与言语都是分不开的。

### 4. 注意的时间延长，注意的事物增加

2 岁以后的婴儿在活动中注意的时间比 2 岁前延长，适合其年龄的动画片、电视、电影基本上都能坚持看完。他们能够注意的周围的活动逐渐增多，如父母在家做家务和日常生活的活动等。

## （三）3～6 岁幼儿注意发展的特征

3～6 岁幼儿的注意仍然是以无意注意为主，但是和 3 岁前的幼儿相比，3～6 岁幼儿的无意注意有了较大发展，无意注意占优势，有意注意逐渐发展。

### 1. 无意注意占优势

无意注意占优势，其发展表现为以下两个方面。

(1) 刺激物的各种物理特性仍然是引起幼儿无意注意的主要因素。巨大的声响、鲜艳的颜色、生动的形象、突然出现的刺激物或事物发生了显著变化，都容易引起幼儿的无意注意。如电视、电影和各种活动教具较容易吸引儿童的注意，水里的鱼、天上的鸟，也由于它们活动多变而容易引起幼儿的注意。

(2) 与幼儿的兴趣和需要关系密切的刺激物，逐渐成为引起幼儿无意注意的原因。随着年龄的增长，幼儿的活动范围不断扩大，生活经验也比以前丰富，对一些事物有了自己的兴趣和爱好。凡是符合幼儿兴趣的事物，较容易引起幼儿的无意注意。此外，幼儿出现了渴望参加成人各种社会活动的新需要，父母开车、医生看病、警察维持秩序等活动，都

会成为幼儿无意注意的对象。符合幼儿经验水平的教学内容，以游戏形式出现的教学方式，也容易吸引幼儿的注意。

### 2. 有意注意初步形成

3～6 岁幼儿的有意注意的形成大致经过以下三个阶段。

第一阶段，幼儿的注意由成人的言语指令引起和调节。成人常常自觉或不自觉地用言语引导幼儿的注意，"宝宝，快看！狗狗！"一边说，一边用手指向小狗。成人用言语给幼儿提出注意的任务，幼儿的注意就不再完全是无意性的了，而开始具有有意的色彩。

第二阶段，幼儿通过自言自语控制和调节自己的行为。掌握语言之后，幼儿常常一边做事，一边自言自语。在这种情况下，幼儿已能自觉地运用言语使注意集中在与当前任务有关的事物上。

第三阶段，幼儿开始运用内部言语指令控制、调节行为。随着内部言语的形成，幼儿学会了自己确定行动目的、制订行动计划，使自己的注意主动集中在与活动任务有关的事物上，并能排除干扰，保持稳定的注意。这已经是高水平的有意注意。

可见，有意注意是在无意注意的基础上产生的，是人类社会交往的产物，是和幼儿言语的发展分不开的。这一时期幼儿的有意注意处于发展的初级阶段，发展水平低，而且不稳定，需要在成人的组织和引导下逐步发展。3～6 岁幼儿有意注意的发展表现为以下特点。

(1) 受大脑发育水平的局限。有意注意是由大脑的高级部位控制的，大脑皮质的额叶部分是控制中枢所在。额叶的成熟使幼儿能够把注意指向必要的刺激物和有关动作，主动寻找所需要的信息，同时抑制对不必要刺激的反应，额叶大约在人 25 岁左右时能达到成熟水平，因此，3～6 岁幼儿的有意注意开始发展，但远远未能充分发展。

(2) 受外界环境影响，尤其是在成人的要求下发展。到了 3 岁，幼儿要进入幼儿园，幼儿园的集体生活要求幼儿遵守各种行为规则，完成各种任务，并对集体承担一定的义务。所有这些，都要求幼儿形成和发展有意注意，使注意服从于任务的要求。因此，各种生活制度和行为规则，是使幼儿有意注意逐步发展的主要因素。幼儿的有意注意需要成人的指导，具体如下：

第一，帮助幼儿明确注意的目的、任务，产生有意注意的动机，即自觉地、有目的地控制自己的注意，并用意志努力保持注意。

第二，用语言组织幼儿的有意注意。成人提出问题，引导幼儿有意注意的方向，使幼儿有意注意某种事物。

(3) 逐渐学习了一些注意的方法。由于有意注意是自觉进行的，保持有意注意需要克服一定的困难，因此有意注意需要一定的方法。幼儿在成人的教育和培养下，逐渐学会了一些组织有意注意的方法，如为了注意看书，用手指指着念。

(4) 在一定活动中实现。这一阶段幼儿的有意注意由于发展水平不足，需要依靠活动进行。把智力活动与实际操作结合起来，让注意对象成为幼儿的直接行动对象，使幼儿处于积极的活动状态，有利于幼儿有意注意的形成和发展。此外，将一些具体、明确的实际活动任务融入游戏当中，可以让幼儿对这些任务更好地维持有意注意。

## 二、学前儿童注意品质的发展

从注意的品质上看，学前儿童的注意品质整体水平较低。但随着儿童年龄的增长，其注意的品质不断提高。注意的基本品质包括注意的广度、注意的稳定性、注意的转移和注意的分配四个方面。

### （一）注意的广度

注意的广度即注意的范围，是指在同一时间内能清楚地把握注意对象数量的多少。把握的注意对象数量越多，注意的范围越大，如一目十行、眼观六路、耳听八方。

学前儿童注意的范围较小，这主要与儿童的年龄有关。儿童的年龄较小，接触的事物不多，知识经验较少，在较短时间内很难把事物联系在一起。

【知识拓展】

#### 注意范围的大小与注意对象的特点有关

有研究表明，注意范围的大小与注意对象的特点有关。如果注意的对象排列有规律、颜色相同、大小一致，各对象之间有一定的联系且能形成整体，这时儿童的注意范围就大些，反之就小些。如果10个圆点胡乱分布（见图6-1），则不易把握；如果5个为一组排成两排（见图6-2），就很容易被儿童注意到。

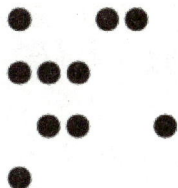

图6-1　无序分布　　　　图6-2　有序排列

影响注意范围的因素有以下三个。

(1) 注意范围的大小与被知觉对象的特点有关。知觉对象愈相似，排列愈集中或有规则，注意范围也就愈大；反之，注意范围则愈小。

(2) 注意范围的大小和人们当时的知觉任务分不开。阅读同一篇文章，担任编辑任务的人与从事校对工作的人，注意范围就不一样，前者较大，后者较小。

(3) 注意范围的大小主要取决于一个人已有的经验和知识。经验愈多、知识愈广，就愈善于组织所感知的对象，把它们联系成一个整体来感知。

### （二）注意的稳定性

注意的稳定性是指注意保持在某件事物或某种活动上时间的长短。时间越长，注意越稳定，如上课时，学生若能长时间地集中注意听、看或记等，说明他的注意是稳定的。与之相反的是注意的分散（又叫分心），即注意不能长时间地保持在该注意的对象上。

这里需要特别指出的是：注意的稳定性并不意味着注意始终指向同一个对象，而是指注意的对象可以变换，但活动的总方向始终保持不变。

### （三）注意的转移

注意的转移是指根据新的任务，主动、及时地把注意从一个对象转移到另一个对象上。儿童注意转移的速度较慢，不够灵活，即他们往往不能根据新的任务和活动的需要，及时、主动地将注意从一个对象转移到另一个对象上，如刚上完音乐课，接着上数学课，儿童就很难将注意马上转移到数学中来。

为加快儿童注意转移的速度，教师在组织儿童活动时，应做到以下几点：

第一，合理安排教学活动。前后进行的两种活动之间最好有一定的时间间隔，给儿童一点注意转移的准备时间。

第二，培养儿童良好的注意习惯，良好的注意习惯有利于提高儿童注意转移的速度。因此，教师要重视培养儿童把注意集中到要做的事情上的良好习惯。

### （四）注意的分配

注意的分配是指在同一时间内，把注意指向两种或两种以上的活动或对象，如边听边记、边弹边唱等。

注意的分配是有条件的。它要求同时进行的几种活动之间有着密切联系，或者这些活动中某些活动已经非常熟练甚至达到了自动化的程度，否则注意的分配就会出现困难。如幼儿教师在组织幼儿户外活动时，要一边说话，一边做示范动作，还要注意观察幼儿们的表现。

在实际的教学过程中，教师应从这几个方面培养儿童注意分配的能力：首先，通过各种活动，培养儿童的有意注意与自我控制能力；其次，加强动作或活动的练习，使儿童对所进行的活动熟悉起来，做起来不必花费太多的精力；最后，丰富儿童的知识经验，使同时进行的活动在儿童的头脑中形成密切联系。

### 【小试牛刀】

1.幼儿园要求教师服装整洁大方，不能有过多的装饰。对于本条规定，下列解释中错误的是（　　）

A.防止幼儿注意力分散　　　　B.属于规范教师仪表行为

C.避免无关刺激干扰幼儿　　　D.吸引幼儿对教师的兴趣

参考答案：D。

2.幼儿在绘画时常常"顾此失彼"，说明幼儿注意的（　　）较差。

A.稳定性　　　　　　　　　　B.广度

C. 分配能力 D. 范围

参考答案：C。

## 第三节 学前儿童注意的培养

### 一、学前儿童注意的分散与预防

#### （一）引起学前儿童注意分散的主要原因

注意的分散是与注意的稳定相反的一种状态，是指儿童的注意离开了当前应该指向的对象，而被一些与活动无关的刺激物所吸引的现象，也称为分心。如儿童在听故事时，被飞进教室的小鸟吸引，不能专心地听教师讲故事。

学前儿童的无意注意占优势，自我控制能力差，注意容易分散，这是学前儿童注意比较突出的特点。一般来说，引起学前儿童注意分散的原因主要有以下几点。

##### 1. 过多的无关刺激

尽管学前儿童的有意注意已经开始萌芽，但仍然以无意注意为主。他们很容易被新奇的、多变的或强烈的刺激物所吸引，从而干扰他们正在进行的活动。如活动室的布置过于烦琐、杂乱，装饰物更换的次数过于频繁，甚至教师打扮得过于新潮，这些过多的无关刺激都可能会分散儿童的注意。

##### 2. 疲劳

学前儿童的神经系统尚处于生长发育中，某些机能还未充分发展。如果儿童长时间处于紧张状态或从事单调、枯燥的活动，大脑就会出现一种"保护性抑制"。刚开始儿童会表现出精神状态差、打哈欠，继而就会出现注意不集中的状况。所以，教师在开展教学活动时，要注意动静搭配，时间不能过长；内容与方法要生动、多变，能够引起儿童的兴趣，防止儿童疲劳和注意分散。

##### 3. 缺乏兴趣

兴趣是最好的老师。兴趣、成就感以及他人的关注等是构成儿童参与活动的重要因素。对自我意识仍然处于发展状态中的儿童来说，这些因素将会直接影响其活动时的注意状况。

##### 4. 教育活动组织不合理

教育活动呆板、缺少变化，儿童缺少实际操作的机会，教师对活动任务的要求不明确，活动内容的选择过难或过易等都是活动组织不合理的表现，这些不合理因素都会导致儿童出现注意分散的现象。

（二）学前儿童注意分散的预防

### 1. 避免无关刺激的干扰

对托幼机构来说，避免环境中无关刺激对儿童的干扰可以从以下几个方面进行：教具的选择和使用过程应密切配合教学；规范教师的仪表、行为；在教学过程中避免当众批评个别注意不集中的儿童，以免干扰全班儿童的注意。

### 2. 根据学前儿童的兴趣和需要组织活动

教育活动应符合儿童的兴趣和发展需要。活动内容应尽可能地贴近儿童的生活，选择他们关注和感兴趣的事物；尽量以游戏化的方式组织各种教育活动，使儿童积极、主动地参与活动。这样的活动过程不仅可以使儿童获得愉快、自信的情感体验，还有利于师生之间、同伴之间的交往。

### 3. 灵活交互运用无意注意和有意注意

注意的发展尤其是有意注意的发展对学前儿童的记忆、想象、思维的发展具有重要意义，同时也是个体完成任何有目的的活动的重要前提。但有意注意需要一定的意志努力，很容易引起疲劳，无意注意容易引发但不持久。所以，教师在组织教育活动时，要根据教学内容和学前儿童的注意发展水平，灵活运用两种注意方式。

### 4. 合理组织教育活动

教师作为教育活动的组织者和引导者，对防止儿童注意分散具有重要影响。教师要认真学习专业知识，不断总结自己的教学实践，科学、合理地组织每一次教育活动。轻松、愉快、有效的教育活动，不仅可以有效避免儿童注意分散，还可以促进其心理机能尤其是注意的发展。

## 二、学前儿童的"多动"现象与注意

学前儿童注意的稳定性较差，主要特征之一就是"多动"，注意不集中。如果采用恰当的活动方式，儿童是能够以自己的兴趣集中注意并很好地进行活动的，而且也相对稳定。

"多动"与"多动症"是两个不同的概念。多动，即爱动，是学前儿童的一个典型特点，与学前儿童的好奇心和自制力差等有关。多动症，又称"轻微脑功能失调"，是儿童的一种行为问题。多动症儿童跟同龄的儿童相比，注意更不稳定、动作更多，严重的还会出现过失行为。他们对很有趣的故事、游戏、玩具不能保持较长时间的注意，只能维持片刻。

近几年的研究表明，多动症既有病理上的原因，又有心理上的原因，它的确定需要医疗机构的综合诊断。因此，教师要审慎地对待儿童的多动现象，既不能草率地把儿童的爱动、多动现象归为多动症，又不能忽视儿童注意不稳定的现象。

【小试牛刀】

某幼儿园大班在室内组织语言教育活动，正当大家聚精会神地听老师讲故事时，外面来了一群别班的孩子玩耍，喧闹的声音马上把孩子们的注意吸引了过去，大家开始相互交谈，老师大声提醒保持安静，但没有吸引孩子们的注意，这时老师突然停止说话，孩子们逐渐安静下来，继续听老师讲故事。试分析这次活动中儿童的有意注意和无意注意。

参考答案：从儿童注意发展的规律来论述。3 岁前儿童的注意基本上属于无意注意。儿童的注意主要还是无意注意，而且已经相当成熟，许多事物都能引起儿童的无意注意，有意注意逐渐发展。成人对儿童注意的组织常是通过言语指示来实现的，通过言语指示，可以提醒儿童必须完成的动作、应注意的情况。老师突然停止说话，孩子们逐渐安静下来，继续听老师讲故事，这是老师通过言语利用无意注意的规律来控制儿童的注意活动。

## ▶▶ 🔊 本章考点

### 简答

(1) 简述无意注意、有意注意和有意后注意的区别与联系。

(2) 学前儿童无意注意、有意注意的发展特点。

(3) 引起学前儿童注意分散的原因。

(4) 培养学前儿童注意的方法。

## ▶▶ 🔊 课后习题

### 一、选择题

1. 小班集体教学活动一般都安排 15 分钟左右，是因为幼儿有意注意时间一般是（　　）。

A. 20～25 分钟　　　　　　　　B. 3～5 分钟

C. 15～18 分钟　　　　　　　　D. 10～11 分钟

2. 幼儿能够认真完整地听完教师讲的故事，这一现象反映了幼儿注意的（　　）特征。

A. 选择性　　　　　　　　　　B. 广度

C. 稳定性　　　　　　　　　　D. 分配

3. 有意识地将注意从一个对象转移到另一个对象上的能力，这是（　　）。

A. 注意的稳定性　　　　　　　B. 注意的分配

C. 注意的转移　　　　　　　　D. 注意的广度

4. 天空中过往飞机的轰鸣声引起儿童不由自主的注意，这是（　　）。

A. 无意注意　　　　　　　　　B. 有意注意

C. 无意注意和有意注意两者均有　D. 选择性注意

5. "一目十行""眼观六路""耳听八方"指的是注意的(    )。

A. 稳定性                    B. 选择性

C. 分配                      D. 广度

## 二、简答题

如何利用注意的稳定性开展幼儿的教育活动？

### 【开放式问答】

小班的小宇，看见别的小朋友剪纸，也高兴地拿起剪刀，但是发现自己剪不好，就把剪刀和纸扔到一边，干别的事去了。对此，你怎么看？

### 【德育角】

习近平总书记在党的二十大报告中指出，要推进教育数字化，建设全民终身学习的学习型社会、学习型大国。当下，我国正深入实施教育数字化战略行动，推动教育变革和创新，加快建设人人皆学、处处能学、时时可学的学习型社会、学习型大国。对此，谈谈你的理解。

# 第七章

# 学前儿童的记忆

## 场景呈现

　　小班幼儿自由游戏的时间到了，欢欢和天天都拿了自己的玩具，两个小男孩凑在一起玩甭提多高兴了。欢欢拿了飞机给天天玩，天天拿了赛车给欢欢玩，两个小朋友交换着一会儿玩飞机，一会儿玩赛车，玩得高兴极了。特别是天天的赛车，欢欢玩了一次又一次，还是觉得玩不够。一下课，欢欢又想去玩赛车，可是这回天天不肯让他玩了，于是两个小朋友为了一个赛车你争我夺地吵起来。老师连忙来劝阻，说："欢欢怎么可以未经允许拿天天的玩具呢，还给天天吧！"但欢欢紧紧地抱着赛车，大声嚷着："不！这赛车是欢欢的！"说什么欢欢都不肯放。老师又说："不，这辆赛车是天天今天带来的，你今天带来的是飞机！"欢欢说："欢欢家也有赛车的！"最后老师让把赛车交给她暂代保管一下，欢欢才肯放手把赛车给老师。

　　欢欢是在说谎吗？在幼儿园的教学活动过程中，老师遇到这样的问题时应该怎样处理？

## 学习目标

　　1.记忆的类别及基本环节。

　　2.学前儿童记忆的特点及发展趋势。

　　3.培养学前儿童记忆力的方法。

知识框架

学前儿童的记忆
- 记忆概述
  - 记忆的概念
    - 什么是记忆
    - 思维的表象及特征
    - 记忆的种类
  - 记忆的过程
    - 识记分类
    - 保持
    - 再认或回忆
  - 遗忘及遗忘规律
  - 复习的价值
    - 及时复习
    - 合理分配复习时间
    - 利用记忆恢复的规律
- 学前儿童记忆的发展
  - 学前儿童记忆发展的趋势
    - 记忆保持时间的延长
    - 记忆提取方式的发展
    - 记忆容量的增加
    - 记忆内容的变化
  - 各年龄段学前儿童记忆发展的特点
    - 0～1岁儿童记忆发展的特点
    - 1～2岁儿童记忆发展的特点
    - 3～6岁儿童记忆发展的特点
- 学前儿童记忆力的培养
  - 记忆敏捷性的培养
  - 记忆持久性的培养
  - 儿童记忆发展中易出现的问题及教育措施

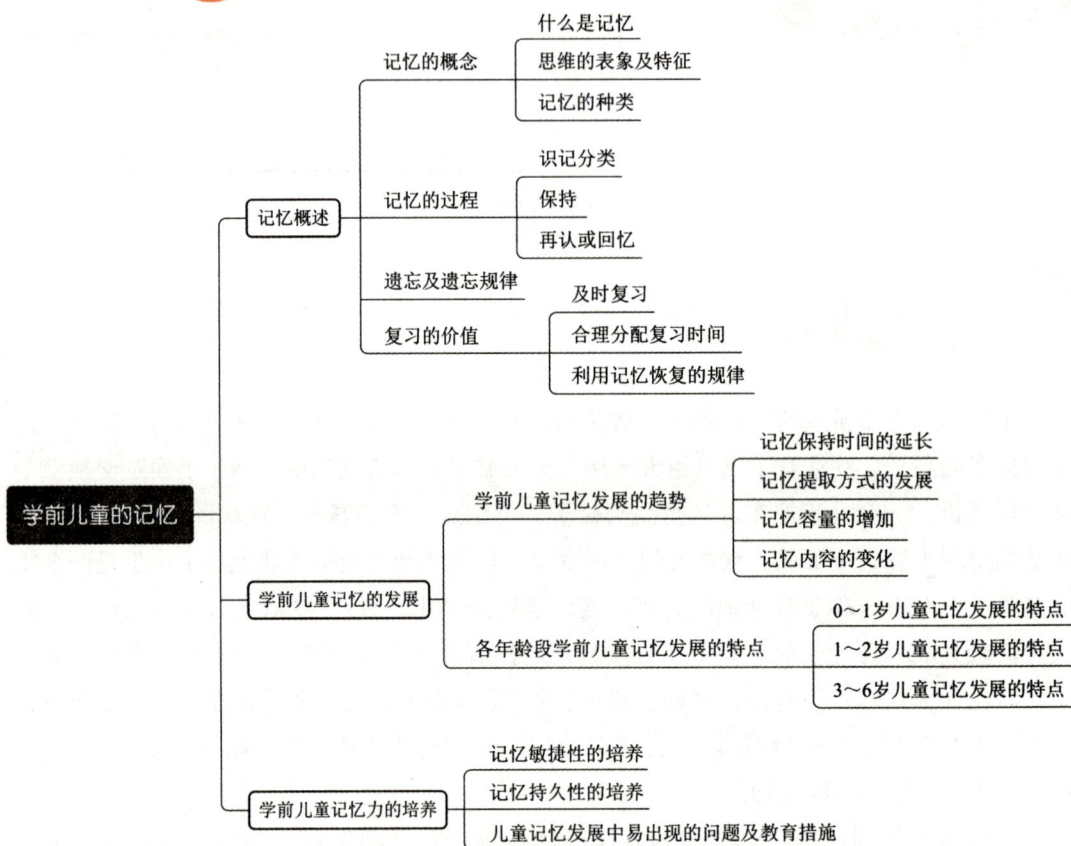

# 第一节  记 忆 概 述

## 一、记忆的概念

同学们还记得你们开学时报道的场景吗？之所以会记得这些已经发生的事情，是因为我们有记忆。那么记忆的定义是什么呢？

### （一）什么是记忆

记忆是过去的经验在头脑中的反映。所谓过去的经验，是指人们过去对事物的感知，对问题的思考，对某个事件引起的情绪体验，以及进行过的动作操作。这些经验都可以以映象的形式储存在大脑中，在一定条件下，这种映象又可以从大脑中提取出来，这个过程就是记忆。所以，记忆不像感知觉那样反映当前作用于感觉器官的事物，而是对过去经验的反映。

## （二）思维的表象及特征

### 1. 表象

表象分为记忆表象和想象表象两类。通常所说的表象，是记忆表象的简称。表象是指在头脑中的客观事物的形象，即感知过的事物不在面前而在头脑中呈现出来的形象。如在电影院看完电影回家之后一些电影的画面在脑中浮现，这就是表象。

表象是在感知觉的基础上产生的，因此可根据表象形成过程中起主导作用的感觉器官的种类，将表象分为视觉表象、听觉表象、味觉表象、嗅觉表象等。

### 2. 特征

(1) 直观性。表象所反映出来的东西和原物体有相似之处，有一定的逼真感，这就是表象的直观性。然而由于此时客观事物不在面前，而是通过回忆浮现出来的，因此它所反映的仅仅是事物的大体轮廓和一些主要特征，没有感知时得到的形象那样鲜明、完整和稳定。例如虽然见过长江大桥，脑中有长江大桥的表象，但那仅是对大桥的轮廓和大致的长度有印象，远不如亲眼看到的大桥那么具体、鲜明。

(2) 概括性。表象的概括性反映着同一事物在不同条件下经常表现出来的一般特点，它不是某一次感知所留下的个别特点。如表象中"汽车"的形象，一般很难在现实生活中找到对应物，但它又确实具备了轮子、窗户等"汽车"所共有的特征，它是各种各样车子的积累，概括成的"汽车"表象。

## （三）记忆的种类

按照不同的标准，可以对记忆进行如下的分类。

### 1. 根据记忆的内容划分

(1) 形象记忆：以感知过的事物的具体形象为内容的记忆。它保持的是事物的感性特征，具有鲜明的直观性。例如，我们所感知过的物体的颜色、形状、体积，音乐的旋律，自然景观等，都以表象的形式储存着。

(2) 情绪记忆：以体验过的情绪或情感为内容的记忆。例如，"一朝遭蛇咬，十年怕井绳"，这说明被蛇咬过的恐惧情绪体验仍保留在记忆中。

(3) 逻辑记忆：以词语为中介、以逻辑思维成果为内容的记忆，如概念、定理、公式、观点等。

(4) 运动记忆：以人们操作过的运动状态或动作形象为内容的记忆。例如，学会骑自行车之后，即便多年不骑，也不会忘记。

### 2. 根据记忆时间的长短划分

根据记忆时间的长短，记忆可分为感觉记忆、短时记忆和长时记忆，如图 7-1 所示。

阿特金森和谢夫林提出的三级记忆模型，很好地说明了三个记忆系统的关系。记忆由感觉记忆（瞬时记忆）、短时记忆和长时记忆三个子系统或者三个阶段组成，如表 7-1 所示。

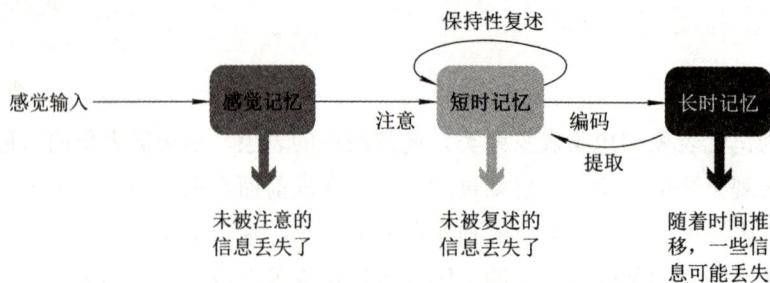

图 7-1　信息加工模型

表 7-1　感觉记忆、短时记忆和长时记忆系统对照表

| 类型 | 含义 | 特点 | 编码方式 | 储存方式或应用举例 |
|---|---|---|---|---|
| 感觉记忆（瞬时记忆） | 客观刺激停止作用后，感觉信息在头脑中只保留一瞬间并未被主体注意的记忆 | 1. 时间极短（0.25～4 秒）；<br>2. 容量大；<br>3. 形象鲜明；<br>4. 信息原始，容易衰退 | 图像记忆和声象记忆 | 如看电影时，虽然屏幕上是一幅幅静止的图像，但我们却可以将图像看成是连续的 |
| 短时记忆 | 感觉记忆和长时记忆的中间阶段 | 1. 时间很短（5 秒～60 秒）；<br>2. 容量有限（7±2 个组块）；<br>3. 意识清晰；<br>4. 操作性强；<br>5. 易受干扰 | 听觉编码（主要）和视觉编码 | 一是直接记忆，另一个是工作记忆。复述是短时记忆信息存储的有效方法 |
| 长时记忆 | 信息经过充分的和有一定深度的加工后，在头脑中长时间保留下来的记忆 | 1. 时间 60 秒至终身；<br>2. 容量无限；<br>3. 保存时间长久 | 语义编码和表象编码 | 刺激物反复出现是短时记忆向长时记忆转化的条件，没有复述的信息是不可能进入长时记忆的 |

### 3. 根据信息加工处理的方式不同划分

（1）陈述性记忆：有关事实和事件的记忆，它可以通过语言传授而一次性获得，它的提取往往需要意识的参与。

（2）程序性记忆：如何做事情的记忆或者如何掌握技能的记忆，包括对知觉技能、认知技能和运动技能的记忆。这类记忆往往需要通过多次尝试才能逐渐获得。在利用这类记忆时往往不需要意识的参与。

### 4. 根据记忆时意识参加的程度划分

（1）外显记忆。外显记忆是指在意识的控制下，过去经验对当前活动产生的有意识的影响。它对行为的影响是个体能够意识到的，因此又叫受意识控制的记忆，如考试时的简答题和问答题。

（2）内隐记忆。内隐记忆是指在不需要意识或有意回忆的情况下，过去经验自动对当前活动产生影响而表现出来的记忆。由于这种记忆对行为或活动的影响是自动发生的，人们并没有意识到它的存在，因此又叫自动的无意识记忆。

# 二、记忆的过程

## （一）识记分类

识记是指识别和记住事物的过程，也就是获得知识经验的过程，相当于信息的编码。识记是记忆的首要环节，是记忆的基础。有效的识记可以提高记忆的效果。

### 1. 无意识记和有意识记

根据识记有无目的和是否需要意志努力，可以把识记分为无意识记与有意识记。

(1) 无意识记。无意识记，也叫随意识记，是指事先没有预定目的，也不需要任何意志努力的识记。无意识记具有很大的选择性，常常受刺激物本身所具有的特点的影响。如幼儿对朗朗上口的儿歌、动画人物的滑稽动作或好玩台词的识记。

(2) 有意识记。有意识记，也叫不随意识记，是指有预定目的，并用一定的方法，必要时需要一定意志努力的识记。这种识记一般由活动任务引导，具有高度的自觉性和积极性。如为了得到成人的表扬，幼儿会认真听、努力学记相关内容。研究证明，在一般情况下，有意识记的效果比无意识记的效果好。

### 2. 机械识记和意义识记

根据识记是否建立在对识记内容理解的基础上，可以把识记分为机械识记与意义识记。

(1) 机械识记。机械识记是指对识记的内容没有理解，只是根据识记材料的前后顺序等外部联系，采取简单、重复的方法进行的识记。如幼儿对内容复杂的唐诗、宋词的识记，由于他们无法真正理解其中的含义，只能采用机械识记的方法。

(2) 意义识记。意义识记是指根据识记材料本身具有的内在联系，通过理解而进行的识记。实验证明，意义识记的效果明显优于机械识记。但机械识记和意义识记同样重要，因为许多信息本身并没有内在逻辑性，如电话号码等。虽然在识记这类信息时可以人为地赋予其意义，但机械识记能力的发展仍是十分必要的。

## （二）保持

保持是大脑存储信息的过程，也是巩固已获得的知识经验的过程，相当于信息的存储和继续编码。保持是识记的结果，也是实现再认或回忆的重要保证。因此，保持是记忆过程的中心环节。

信息在大脑中的保持并不是一成不变的，而是在不断发展变化的。保持信息的变化主要表现为以下几点。

(1) 简化和概括化，即识记材料的细节趋于消失。

(2) 完整化和合理化，即识记材料中不合理、不合逻辑的地方得到纠正，有缺漏的部分得到补充。

(3) 夸张和突出，即把某些特点夸大，使其更具有特色。

(4) 记忆的内容增多，这种情况在儿童身上较多发生。

(5) 记忆的内容减少甚至消失，即发生遗忘。

### （三）再认或回忆

从大脑中提取知识和经验的过程叫回忆，又叫再现。识记过的材料不能被回忆，但在它重现时却能让人产生一种熟悉感，并能确认是自己接触过的材料，这个过程叫再认。

回忆和再认都是从大脑中提取知识和经验的过程，只是形式不一样。识记是记忆的开始，是保持和回忆的前提，没有识记就不可能有记忆的保持。识记的材料如果没有保持，或保持得不牢固，也不可能有回忆或再认。

所以，保持是识记和回忆之间的中间环节。回忆是识记和保持的结果，也是对识记和保持的检验，而且还有助于巩固所学的知识。记忆的过程是一个完整的过程，识记、保持和回忆三个环节是密切联系、不可分割的，缺少任何一个环节，记忆都不可能实现。

## 三、遗忘及遗忘规律

遗忘是指对识记过的材料不能再认或回忆，或表现为错误的再认或回忆。遗忘和保持是相反的过程，也是同一记忆活动的两个方面：保持住的东西就是没有被遗忘，而遗忘的东西就是没有被保持住。保持越多，遗忘越少。

德国心理学家艾宾浩斯最早对遗忘现象进行了比较系统的实验研究。为避免经验对学习和记忆的影响，他在实验中采用无意义音节作为学习材料，以时间和记忆保留比率作为指标，测量遗忘的进程。

实验表明，在学习材料记熟后，间隔20分钟重新学习，可节省诵读时间58.2%；一天后再学习可节省时间33.7%；六天以后再学习节省的时间缓慢下降到25.4%。依据这些数据绘制的曲线就是著名的"艾宾浩斯遗忘曲线"（见图7-2）。在艾宾浩斯之后，许多心理学家用无意义材料和有意义材料对遗忘的进程进行研究，结果都证明艾宾浩斯遗忘曲线是正确的。

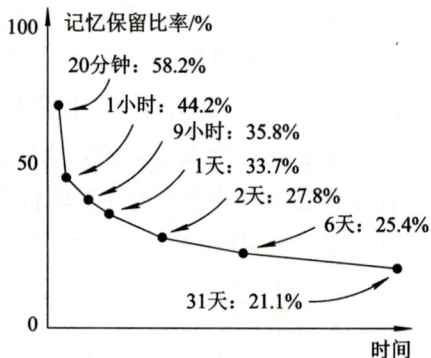

图 7-2　艾宾浩斯遗忘曲线

从遗忘曲线中可以看出，遗忘的进程是不均衡的。在学习停止以后的短时间内，遗忘特别迅速，后来逐渐缓慢，到了相当一段时间，几乎不再遗忘了。遗忘的发展是"先快后慢"，因此学习后的及时复习是很重要的。

影响遗忘进程的主要原因包括以下几个方面。

第一，识记材料的性质与数量。

第二，学习的程度。研究表明，学习的熟练程度达到150%时，记忆效果最好；超过150%时效果并不递增，可能还会引起厌倦、疲劳等而成为无效劳动。

第三，识记材料的系列位置。最后呈现的材料最先回忆起来，其次是最先呈现的材料，而遗忘最多的是中间部分。

　　第四，识记者的态度。识记者对识记材料的需要、兴趣等因素对遗忘的快慢也有一定的影响。

　　此外，识记的方法、时间因素等也是影响遗忘进程的主要因素。

【知识拓展】

## 遗忘的原因

　　遗忘的原因是多方面的。常见的有以下几种。

　　(1) 痕迹衰退说。这是一种对遗忘原因的最古老的解释。按照这种理论，遗忘是由记忆衰退引起的，衰退随时间的推移自动发生。它起源于亚里士多德，由桑代克进一步发展。

　　(2) 干扰说。干扰说认为，遗忘是学习和回忆之间受到其他刺激干扰的结果。一旦排除了干扰，记忆就可以恢复。在保持期间如果没有其他信息进入记忆系统，则原有的信息不会遗忘。这一理论的代表人物是詹金斯和达伦巴希。研究表明，干扰主要有两种情况，即前摄抑制和倒摄抑制。前摄抑制是指前面学习的材料对识记和回忆后面学习材料的干扰；倒摄抑制是指后面学习的材料对保持或回忆前面学习材料的干扰。

　　(3) 动机（压抑）说。动机（压抑）遗忘理论认为，遗忘是因为我们不想记忆而将一些记忆信息排除在意识之外，比如它们太可怕、太痛苦或有损自我的形象。这一理论最早由弗洛伊德提出。

　　(4) 同化说。奥苏伯尔根据他的有意义接受学习理论，对遗忘的原因提出了一种独特的解释。他认为，当我们学到了更高级的概念与规律以后，高级的观念可以代替低级的观念，使低级观念被遗忘，从而简化了认识并减轻了记忆，这是一种积极的遗忘。

　　(5) 提取失败说。提取失败说认为，人们所获得的信息在长时记忆中的存储是永久的。遗忘的发生，仅仅是由于一时难以提取信息所致。如果有了正确的线索，经过搜寻，所要的信息就能提取出来。

　　上述每一种理论都能解释遗忘的部分现象，但不能解释所有的遗忘现象。因此对于遗忘的原因，应当把上述几种理论综合起来加以解释。

## 四、复习的价值

### （一）及时复习

　　艾宾浩斯遗忘规律告诉我们，学习之后遗忘立即开始而且最初忘得快，以后遗忘速度逐渐缓慢下来。根据这个规律，成人在指导儿童学习时，对儿童刚学过的东西，要及时安排复习，尽量抢在遗忘快速期之前加深记忆的程度，以减少或防止遗忘。

### （二）合理分配复习时间

　　复习时间的合理分配对于记忆效果有重要影响。连续进行的复习，称为集中复习；复习之间间隔一定时间的复习，称为分散复习。在学习同一门课程时，分散复习的记忆效果比在全部课程学习结束后集中复习的记忆效果好。对于幼儿来说，分散复习不应是简单的重复，而要采用多样化的复习方式，如把分散复习与集中复习相结合，复习时眼耳手脑并用等，以提高幼儿复习的积极性，增强复习的效果。

### （三）利用记忆恢复的规律

幼儿有一种特殊的记忆恢复能力。所谓记忆恢复，是指学习某种材料后，相隔一段时间所测量到的保持量，比学习后立即测量到的保持量要高。这也就是说，学习之后立马回忆的效果倒不如稍过一段时间之后的效果好。

**【小试牛刀】**

刚学完故事，立即要幼儿复述，效果倒不如隔一天好。这种现象是（　　）。

A. 幼儿健忘　　　　　　　　B. 记忆恢复

C. 暂时性遗忘　　　　　　　D. 不完全遗忘

参考答案：B。

## 第二节　学前儿童记忆的发展

### 一、学前儿童记忆发展的趋势

儿童出生后已产生了记忆。到了学前，儿童的记忆发生了很大的变化。学前儿童记忆的发展趋势一般表现在以下几个方面。

#### （一）记忆保持时间的延长

记忆分为瞬时记忆、短时记忆和长时记忆，这表明了记忆保持时间的不同。儿童最初出现的是短时记忆，长时记忆的出现和发展稍晚。短时记忆、长时记忆依次出现，与儿童的大脑发育水平，即记忆生理基础的成熟有关。儿童的记忆起初是依靠大脑皮质的反应性活动进行的，表现为短时记忆，随着大脑皮质细胞的成熟，逐渐可以进行长时记忆。

记忆的保持时间是指从识记到能够再认或回忆之间的间隔时间，也称为记忆的潜伏期。随着年龄的增长，儿童记忆保持的时间逐渐延长，即记忆潜伏期延长。如1岁前儿童的再认潜伏期只有几天，2岁左右可以延长到几周。

#### （二）记忆提取方式的发展

记忆提取的方式分为再认或回忆。学前儿童最初出现的记忆都是再认性质的记忆，新生儿及婴儿的习惯化和条件反射都是再认的表现方式。随着年龄的增长，2岁左右的儿童逐渐出现了回忆，整个学前期儿童的回忆都落后于再认，回忆和再认的差距随着年龄的增长而逐渐缩小。

回忆和再认的差别，是由于它们的活动机制不同。再认依靠的是感知能力，回忆依靠的是表象。感知是儿童出生以后就已经具有或开始发展的，而个体表象的形成在 1.5~2 岁。另外，感知的刺激是在眼前的，可以立即引起记忆痕迹的恢复；而表象的活动有待于儿童在头脑中搜索，不如感知刺激直接。

### （三）记忆容量的增加

随着年龄的增长，学前儿童的记忆容量会逐渐增加，主要体现在以下三个方面。

#### 1. 记忆广度

记忆广度是指在单位时间内能够记忆的材料的数量。这个数量是有一定限度的。研究发现，人类短时记忆广度为 7±2 个信息单位或组块记忆，但学前儿童的短时记忆广度小，7 岁儿童没有达到 7 个信息单位的广度。这与儿童大脑皮质的不成熟有关，他们在极短的时间内来不及对更多的信息进行加工。随着年龄的增长，大脑的发展不断得到完善，儿童在单位时间内记忆的材料数量也在不断增加。

#### 2. 记忆范围

记忆范围是指记忆材料种类的多少、内容的丰富程度等。婴儿期，由于儿童接触的事物数量和内容都很有限，记忆的范围极小。随着儿童接触事物数量的丰富、动作的发展、与外界交往范围的扩大、活动的多样化，其记忆范围也在不断扩大。

#### 3. 工作记忆

工作记忆是指在短时记忆过程中，把新输入的信息和记忆中原有的知识经验联系起来的记忆。新旧信息相联系，可使存储的新信息内容或成分增加。儿童形成工作记忆以后，可以在 30 秒内获取更多的信息，对其学习、思维、语言理解的完成提供必要的支持。

### （四）记忆内容的变化

#### 1. 运动记忆

一切生活习惯上的技能、体育运动或其他活动中的动作，都是依靠运动记忆掌握的。学前儿童最早出现的记忆是运动记忆，在 2 周左右就出现了。如婴儿对喂奶姿势的条件反射就属于运动记忆。运动记忆作为一种自动化的学习，能够帮助儿童学习技能，掌握各种运动技巧，形成行为习惯，并且不易遗忘。

#### 2. 情绪记忆

情绪记忆出现的时间稍晚于运动记忆，在婴儿出生 6 个月左右产生。如日常生活中，6 个月大的婴儿接触经常看的图片或经常玩的玩具时，已经表现出明显的情绪偏好，这都是情绪记忆的表现。虽然婴儿的大脑皮质还没有发育成熟，但其情绪记忆已经开始发展。

#### 3. 形象记忆

形象记忆出现在 6~12 个月。如 6 个月大的婴儿看见直接抚养人或者母亲表现出高兴、看见陌生人表现出害怕，能够认识自己的玩具、奶瓶，这些就是形象记忆。1 岁前婴儿的形象记忆和动作记忆、情绪记忆紧密联系。学前儿童的形象记忆占据主导地位，它依靠表象进行，其中起重要作用的是视觉表象。

### 4. 语词记忆

语词记忆是在儿童掌握语言的过程中逐渐发展的。在个体发展过程中，语词记忆出现得最晚，这是因为语词记忆的发展与大脑皮质活动机能的发展尤其是与语言中枢的发展息息相关。在 1 岁左右，语词记忆开始出现，但因语言能力的发展存在个体差异，所以语词记忆的出现时间也存在着个体差异。

**【小试牛刀】**

从记忆的内容来看，儿童最早出现的记忆是（    ）。

A. 运动记忆                        B. 情绪记忆
C. 形象记忆                        D. 语词记忆

参考答案：A。

## 二、各年龄段学前儿童记忆发展的特点

### （一）0～1 岁儿童记忆发展的特点

#### 1. 新生儿的记忆

新生儿的记忆主要是短时记忆，表现为对刺激的习惯化和最初的条件反射。如当向新生儿多次呈现某物体，新生儿会因"熟悉"而逐渐减少对其注意的时间，甚至完全忽视。

#### 2. 1～6 个月婴儿的记忆

1～3 个月是婴儿长时记忆开始发生的阶段，3～6 个月婴儿的长时记忆有了很大发展。有研究发现，5 个月大的婴儿有 24 小时的记忆。尽管研究者的数据有一定差异，但都显示出记忆保持的时间随着月龄的增加而延长。由于长时记忆保持时间的延长而出现了婴儿的"认生"现象，如他们喜欢被直接抚养人拥抱，拒绝被不熟悉的人抱，甚至害怕不熟悉的人。

#### 3. 6～12 个月婴儿的记忆

6～12 个月婴儿记忆的潜伏期明显延长。由于长时记忆的发展，婴儿寻找物体的能力增强。这一阶段的婴儿开始模仿成人的动作、表情甚至语言，其模仿中包含记忆的成分。8 个月左右的婴儿开始出现工作记忆，能够把新信息和过去的知识经验进行联系和比较。

由此可见，1 岁前婴儿的长时记忆得到了很大的发展，记忆保持的时间也越来越长，但相对于成人仍旧是比较短的。这一时期婴儿的记忆依旧是无意识记。

### （二）1～2 岁儿童记忆发展的特点

2 岁以前儿童的识记主要是无意识记，即最容易记住的是那些让他们感兴趣或印象深刻的事情，还不能有意、有目的地识记。2 岁以后儿童的无意识记进一步发展，有意识记

开始出现萌芽，可以根据成人提出的要求进行简单的识记，并付诸行动。

在日常生活中，1～2岁的儿童用行动表现出初步的回忆能力。如他们喜欢玩找东西的游戏，他们常常能够替成人找到东西，有时甚至是只见过一次的东西，他们也能够找出来。

### （三）3～6岁儿童记忆发展的特点

这一阶段儿童的记忆随着年龄的增长而逐渐发展，记忆水平有了显著提高，主要可以归纳为两个方面：一是无意识记、机械识记、形象识记继续发展，而且达到了相当高的水平；二是记忆的意识性、理解性明显提高，表现为有意识记、意义识记和语词识记继续发展，并且开始使用记忆方法。下面具体说明3～6岁儿童记忆发展的特点。

#### 1. 无意识记占优势，有意识记逐渐发展

无意识记是一种没有自觉记忆目的和任务，也不需要意志努力的记忆。如儿童在生活中或游戏活动中，自然而然地记住了某件物品的名称。儿童的记忆以无意识记为主，他们所获得的许多知识都是无意识记的结果。有关研究表明，儿童记住什么、没有记住什么，取决于记忆的对象是否是儿童感兴趣的，是否能给儿童留下鲜明、强烈的印象。

#### 2. 机械识记占优势，意义识记逐渐发展

根据记忆方法的不同，记忆可分为机械识记和意义识记。前者是在不理解内容的情况下采用简单重复的方式进行；后者是根据内容的意义和内在逻辑关系，依靠已有经验的联系形成记忆。如小班幼儿"鹦鹉学舌"式的背诵诗歌、认字多是机械识记，而大班幼儿复述简单易懂的故事时多是在理解的基础上经过了一些加工的记忆，这就是意义识记。

因此，教师应注意在教育教学活动中发展儿童的意义识记，帮助儿童理解记忆材料。对于那些没有意义的内容，引导儿童赋予它一定的意义，建立人为的意义联系，提高儿童的记忆效果。如让儿童认识阿拉伯数字"2"时，可以引导儿童把它与"鸭子"的形象联系起来进行记忆，从而提高学习效率。

#### 3. 形象记忆占优势，语词记忆逐渐发展

形象记忆是指借助事物的具体形象进行的记忆。如到过天安门或看过天安门的图片之后，头脑中就保留了天安门的形象。语词记忆是指利用词的标志进行的记忆，如背诵概念、定理、公式等，这种记忆只在言语系统出现后才产生。

由于儿童的心理发展水平较低，所以整个学前阶段以形象记忆为主，并且形象记忆的效果比语词记忆的效果好。在学前教育教学活动中，教师要善于把记忆材料形象化、直观化，同时要加强语词与形象的结合，提高儿童的记忆效果。

【小试牛刀】

学前儿童记忆占优势的是（    ）。

A. 无意识记                    B. 有意识记

C. 语词识记                    D. 意义识记

参考答案：A。

## 第三节　学前儿童记忆力的培养

### 一、记忆敏捷性的培养

记忆的敏捷性是指识记速度快慢方面的特征。人们在记忆的敏捷性方面存在着明显差异。提高学前儿童记忆的敏捷性，可以从以下三个方面进行。

#### 1. 有意识地锻炼学前儿童记忆力

家长和教师在平时的生活和学习中都要有意识地加强对儿童记忆力的锻炼，通过锻炼可以帮助儿童的记忆变得敏捷起来。如天天都走楼梯，但要说出有多少节台阶，可能连成人都未必记得清楚。如果家长对儿童说"数数楼梯有多少节台阶，星期天我们去告诉姥姥"，幼儿便会很高兴地去记。

#### 2. 训练学前儿童的注意力

学前儿童的无意注意已经相当发达，凡是鲜明、生动、直观、形象、活动多变的事物以及与他们经验有关、符合他们兴趣的事物，都能引起他们的无意注意。而学前儿童的有意注意受大脑发育水平的局限，尚处于初步形成时期，要到 7 岁左右才达到成熟水平。

学前儿童记忆力的培养，与有意注意的训练密切相关。在学前儿童的记忆过程中，成人可以利用语言引起儿童的有意注意，引导或帮助他们明确记忆的目的和任务，产生有意识的动机。如成人可以通过让儿童寻找两种材料（或两种以上材料）之间的不同（或相同）之处从而达到训练儿童注意力和记忆力的目的。

#### 3. 引导学前儿童运用已有的知识经验

要引导学前儿童运用已有的知识经验来获得新的知识，也就是说在已有的条件反射基础上建立新的条件反射，这样记忆就会逐渐敏捷起来。学前儿童的意义识记随着年龄的增长逐渐发展，而其意义识记的效果也会不断提高。引导儿童在已有知识经验基础上，通过对材料的理解进行识记，有利于提高其记忆的敏捷性。

### 二、记忆持久性的培养

#### 1. 提供形象、鲜明、生动、富有浓厚情绪色彩的记忆材料

儿童的记忆以无意识记为主，凡是直观形象又有趣味，能引起儿童强烈情绪体验的事和物一般都能使他们自然而然地记住。此外，为儿童提供一些色彩鲜明、形象具体并富有感染力的记忆材料，可以引起儿童高度的注意，确保儿童获得深刻的印象，从而达到提高

记忆效果，发展记忆能力的目的。

### 2. 提出具体明确的记忆任务

在向儿童提出明确恰当的记忆要求后，要对儿童完成记忆任务的情况给予及时的肯定和赞扬，提高儿童记忆的积极性和主动性。

### 3. 丰富儿童的生活经验，帮助儿童理解记忆的材料

儿童的机械识记多于意义识记，但意义识记的效果却比机械识记的效果好。所以，需要用各种方法尽量丰富儿童的生活经验，帮助儿童理解所要识记的材料。

### 4. 引导儿童运用记忆策略

在日常生活中，成人应该教给儿童记忆策略并有意识地引导儿童使用记忆策略来完成记忆任务。在引导儿童记忆时，一定的重复和复习是非常必要的，这是巩固儿童记忆，提高儿童记忆能力的最佳方法。

## 三、儿童记忆发展中易出现的问题及教育措施

### 1. 偶发记忆

偶发记忆是指当要求儿童记住某样事物时，他往往记住的是和这件东西一道出现的其他事物。这是因为由于儿童对客体选择的注意力、目的性不明确，把没必要的偶发记忆客体也记住了，结果使中心记忆客体完成效果不佳。教师要重视这种儿童特有的记忆现象，引导儿童朝有意识记方向发展。

### 2. "说谎" 问题

儿童的记忆存在正确性差的特点，容易受暗示，把现实与想象混淆，用自己虚构的内容来补充记忆中残缺的部分，把主观臆想的事情当作亲身经历过的事情，这种现象常被人们误认为儿童在"说谎"。其实，这是由儿童心理发展不成熟造成的。随着年龄的增长，这种情况会改变。因此，教师不能随便指责儿童"不诚实"，而是要耐心地帮助儿童把事实弄清楚，把现实与想象区分开来。

### 【小试牛刀】

请简述无意注意的含义及引起无意注意的条件？

参考答案：无意注意也称不随意注意，是没有预定目的、无须意志努力、不由自主地对一定事物所发生的注意。无意注意时心理活动对一定事物的指向和集中是由一些主客观条件引起的。

引起无意注意的条件：第一，客观条件，即刺激物本身的特点，包括刺激物的强度、刺激物的新异性、刺激物的运动变化、刺激物与背景的差异。第二，主观条件，即人本身的状态，包括人对事物的需要和兴趣、积极的情感态度、个人的情绪状态和精神状态、个人的心境和主观期待。

## ▶▶ 🎙 本章考点

**简答题**

(1) 引起无意注意的原因是什么？

(2) 结合注意的相关知识，分析如何提高幼儿注意的稳定性。

(3) 学前儿童的注意发展有什么特点？根据这些特点如何培养学前儿童的注意？

(4) 幼儿记忆的发展有哪些特点？

(5) 如何运用遗忘规律合理组织幼儿教学活动？

## ▶▶ 🎙 课后习题

### 一、选择题

1. "昔日同窗情，至今常怀念"，这种记忆属于 (     )。

A. 语言记忆　　　　　　　　B. 运动记忆

C. 情绪记忆　　　　　　　　D. 逻辑记忆

2. 炎炎听到歌曲《拔萝卜》时,高兴地说:"老师教我们唱过。"这种记忆现象是 (     )。

A. 再认　　　　　　　　　　B. 识记

C. 保持　　　　　　　　　　D. 回忆

3. 在不理解的情况下，幼儿也能熟练地背诵古诗，这种记忆属于 (     )。

A. 意义识记　　　　　　　　B. 理解识记

C. 机械识记　　　　　　　　D. 逻辑识记

4. 遗忘的规律是 (     )。

A. 先慢后快　　　　　　　　B. 先快后慢

C. 遗忘的速度不均衡　　　　D. 第二天会全部忘记

5. 按顺序呈现"护士、兔子、月亮、救护车、胡萝卜、大阳"的图片让儿童回忆，儿童回忆说:"刚看到了救护车和护士，兔子与胡萝下，太阳与月亮"，这些儿童运用的记忆策略为 (     )。

A. 复述策略　　　　　　　　B. 精细加工策略

C. 组织策略　　　　　　　　D. 习惯化策略

6. 幼儿的"认生"现象通常出现在 (     )。

A. 3～6 月　　　　　　　　B. 6～12 月

C. 1～2 岁　　　　　　　　D. 2～3 岁

7. 人类短时记忆的广度约为 (     )。

A. 5±2 个信息单位　　　　　B. 6±2 个信息单位

C. 7±2 个信息单位　　　　　D. 8±2 个信息单位

8. 3 岁以前的记忆一般不能永久保持，这种现象称为 (     )。

A. 幼年健忘        B. 瞬时记忆

C. 短时记忆        D. 记忆容量不足

9. 学习某种材料后，相隔一段时间所测量到的保持量比学习后立即测量到的保持量要高，这是幼儿常出现的（　　）。

A. 记忆扩张现象        B. 记忆恢复现象

C. 记忆潜伏现象        D. 记忆提取现象

10. 儿童记忆容量的增加，主要由于（　　）。

A. 记忆范围的扩大        B. 记忆广度的扩大

C. 工作记忆的出现        D. 把识记材料联系和组织起来的能力有所发展

11. 记忆过程包括（　　）。

A. 识记、保持和遗忘        B. 识记、再认和回忆

C. 识记、保持和联想        D. 识记、保持、再认或回忆

## 二、简答题

1. 简述学前儿童记忆要如何培养。

2. 如何利用注意的稳定性开展幼儿的教育活动？

## 三、材料分析题

分析表 7-2 的内容，归纳幼儿记忆的特点。

表 7-2　幼儿形象记忆与词语记忆效果的比较（对十个物体或词语回忆出的数量）

| 年　龄 | 熟悉的物体 | 熟悉的词语 | 生疏的词语 |
| --- | --- | --- | --- |
| 3～4 岁 | 3.9 | 1.8 | 0 |
| 4～5 岁 | 4.4 | 3.6 | 0.3 |
| 5～6 岁 | 5.1 | 4.6 | 0.4 |

【开放式问答】

强强总是"明知故犯"，犯错的时候老师一批评，他就说知道错了，可是一转身又犯错。对此，你认为该怎么办？

【德育角】

2023 年 10 月 7 日至 8 日，全国宣传思想文化工作会议召开，正式提出了习近平文化思想。10 月 18 日，教育部党组传达学习时，提出要从实效上提升文化自信，遵循青少年思想特点和学生成长规律，充分利用多种传播渠道和传播载体，加强文化育人，丰富文化实践，全方位构建落实立德树人根本任务的新格局。

# 第八章

# 学前儿童的想象

## 场景呈现

在幼儿园"医院"扮演活动中，来了几个"病人"在找小强"医生"看病。之后，小强"医生"安排妞妞"护士"给病人打针，妞妞忽然发现注射器玩具不见了，妞妞想了想，用手指动作来代替打针。

思考：这反映了学前儿童想象的特点是什么？

## 学习目标

1. 学前儿童想象的概念、作用及种类；
2. 学前儿童想象的发生与发展；
3. 学前儿童想象能力的培养。

## 知识框架

- 学前儿童的想象
  - 想象概述
    - 想象的概念
    - 想象的作用
      - 想象能促进学前儿童游戏
      - 想象能促进学前儿童学习
      - 想象能促进学前儿童创造
    - 想象的种类
      - 有意想象和无意想象
      - 再造想象和创造想象
  - 学前儿童想象的发生与发展
    - 学前儿童想象的发生及特点
      - 学前儿童想象的发生
      - 学前儿童想象发生的特点
    - 学前儿童想象的发展特点
      - 无意想象为主，有意想象开始发展
      - 再造想象为主，创造想象开始发展
      - 想象具有极大的夸张性
  - 学前儿童想象能力的培养
    - 激发学前儿童的好奇心
    - 丰富学前儿童的感性经验
    - 开展多种文学艺术活动
    - 组织丰富的游戏活动
    - 营造宽松的心理氛围
    - 家园合作，利用生活契机

## 第一节  想象概述

### 一、想象的概念

想象是指人脑对已有表象加工改造，创造出新形象的过程。

表象是指通过感知获得，并保存在大脑中的事物形象。

想象和表象既相互联系，又相互区别。两者都属于认知的过程，表象是想象的基本材料，想象是一种特殊形式的表象。表象是对原有形象的保持与回忆，想象是在原有形象基础上，产生新形象的过程。

### 二、想象的作用

#### （一）想象能促进学前儿童游戏

学前儿童的基本活动是游戏，学前儿童的想象在游戏中起着极为重要的作用。在角色游戏中，游戏材料的选择与使用、角色的扮演等都依赖于学前儿童的想象。没有想象，这些虚构的活动将无法进行。在建构游戏中，学前儿童必须对建构材料及最终的建构作品进行想象，通过一定的建构技能才能"创造"作品。此外，学前儿童听故事、听音乐、绘画，也需要依靠想象。

#### （二）想象能促进学前儿童学习

想象在学前儿童的学习活动中必不可少。没有想象就没有理解，没有理解，学前儿童就无法学习、掌握新知识。想象能激发学前儿童的行动，帮助学前儿童掌握抽象的概念，理解较为复杂的知识，创造性地完成学习任务。例如语言课中的续编故事，教师讲出故事的前半部分，让学前儿童通过想象续编不同的结尾。

#### （三）想象能促进学前儿童创造

创造力主要表现在创造性思维上，对学前儿童来说，创造性思维的核心是想象。现实生活中的许多发明创造都是从想象开始的，想象是发明创造的缘起，我们要充分发挥学前儿童的想象，更好地促进学前儿童创造力的发展。

### 三、想象的种类

#### （一）有意想象和无意想象

根据想象的目的性和自觉性，想象可以分成有意想象和无意想象。

### 1. 有意想象

有意想象是指根据一定的预定目的，自觉地创造新形象、新过程的想象活动。例如，学前儿童在老师的要求下，设计出未来的汽车。

### 2. 无意想象

无意想象是指没有预定的目的和意图，在一定的刺激的影响下，不由自主地创造新形象的过程的想象活动。例如，当看到天上的云朵时，会不自觉地把它想象成一头狮子、一架马车或其他物体。

【知识拓展】

### 梦

梦是一种特殊的无意想象，巴甫洛夫高级神经活动学说认为做梦是睡眠的异想阶段的产物，在反常睡眠状态时，由于输向大脑皮层的血流量加大，氧消耗量增强，因而使得脑神经细胞所谓的"工作"处于兴奋状态，在接受来自体内外各种刺激的情况下，相应的记忆痕迹"复活"起来，于是产生各式各样的梦境。

新生儿最初几天可能不会做梦，原因是他缺乏外界印象，没有构成客观源泉，或者因为他的大脑皮层细胞的发育尚未达到保留外界印象的程度，六个星期以后的婴儿在睡眠中已经会笑、发声和吮吸，这可能就是做梦的表现。

### （二）再造想象和创造想象

根据内容的创造性、独特性、新颖性的不同，想象可以分成再造想象和创造想象。

### 1. 再造想象

再造想象是指根据他人的言语描述或图形、符号等的记录，在头脑中形成新形象的过程。例如教师在讲《肚子里面有个火车站》的故事时，学前儿童的头脑中会"再造"出火车站的形象。

### 2. 创造想象

创造想象是指根据一定的目的和任务，不依赖现存的描述而独立创造出新形象的过程。例如学前儿童在教师的要求下，设计出未来的交通工具。

## 第二节　学前儿童想象的发生与发展

## 一、学前儿童想象的发生及特点

### （一）学前儿童想象的发生

想象是以记忆表象为基础材料，对已有表象加以改造的过程。所以，想象活动与表征活动密切联系，学前儿童想象最初出现的年龄和表征发生的年龄相同，即1.5～2岁。

想象的发生和学前儿童大脑皮质的成熟有关。2岁左右大脑神经系统的发展趋于成熟，学前儿童在头脑中有可能存储较多的信息材料。另外，语言的发生与发展也是学前儿童想象发生的重要因素。词具有概括性的特点，词和它所代表的具体事物之间有着密切的联系。想象正是借助词的这种概括性特点，对各种具体事物在大脑皮质所留下的痕迹及其相互之间的联系，进行了加工改组、重现配合。

### （二）学前儿童想象发生的特点

1.5～2岁是幼儿想象的萌芽期，其特点表现在以下几个方面：

#### 1.记忆表象在新情境下重现

2岁儿童的想象，几乎完全重复曾经感知过的情境，只不过是在新的情境下表现出来。例如，当孩子把奶嘴塞进玩具娃娃的嘴里时，他的头脑里很可能出现了妈妈喂自己喝奶时的情境。这就是记忆表象在头脑中的重现，但这种情境已经与新的情境结合起来了。

#### 2.简单相似的联想

学前儿童最初的想象是依靠事物外表的相似性把事物的形象联系起来的。例如把玩具娃娃称为"小宝宝"，并与娃娃交流："妈妈喂你吃饭。"

#### 3.没有情节的组合

学前儿童最初的想象只是一种简单的代替，以一物代替另一物。例如，在生活中掌握了把小男孩当成弟弟的经验，在想象中就用玩具娃娃来代替。

## 二、学前儿童想象的发展特点

学前儿童喜欢想象，婴儿期是想象的发生期，幼儿期是想象的发展时期。但是，他们的想象还处于初级形态，主要表现为以下特征。

### （一）无意想象为主，有意想象开始发展

在学前儿童的想象中，无意想象占主要地位。在教育的影响下，学前儿童的有意想象开始发展。中班以后，学前儿童的想象已具备一定的有意性和目的性。大班以后，有意想象逐渐发展起来。

#### 1.学前儿童想象的无意性

(1)由外界刺激引起，无目的。学前儿童想象的产生常是由外界刺激物引起的，想象没有指向一定目的，仅以想象的过程为满足。学前儿童常常因为外界因素的影响而改变主题。如3～4岁的儿童看见小凳子，就开着"车"当司机；在游戏中，学前儿童正在玩"医院"游戏，忽然看见别的小朋友在玩"超市"游戏，他就跑过去当"售货员"。

(2)想象的内容零散、无系统。正是因为想象无目的，主题不稳定，使得想象的内容之间不存在有机的联系，内容零散、无系统。如有的学前儿童在一幅画上，会把他感兴趣

的、毫不相干的马、树、骆驼、鸟等事物画下来，不受时间和空间的约束。

(3) 以过程为满足。学前儿童的想象往往不追求目的，只满足于想象的过程。如我们常常会发现有的学前儿童讲故事时，没有说明事情的来龙去脉，可是讲故事的时候却是津津乐道、手舞足蹈的。

(4) 具有主观性。学前儿童的想象活动受兴趣和情绪的影响。学前儿童感兴趣的活动，会长时间想象；不感兴趣的活动，则缺乏想象。情绪也是影响学前儿童想象的因素之一，学前儿童不同的情绪常常能够引起、引发不同的想象活动。如在玩"老鹰抓小鸡"的游戏时，本以小鸡被老鹰捉住而告终，可是孩子们同情小鸡，又产生了这样的想象：让小鸡爸爸和妈妈赶来，救回小鸡。

### 2. 有意想象开始发展

(1) 在活动中出现了有目的的想象。学前儿童在游戏中的角色扮演是有意想象发展的一个重要表现；学前儿童在画画时，出现了有目的、有主题的想象；学前儿童在手工制作中，通过运用材料进行创造性的活动，这也是有意想象的表现。

(2) 想象的独立性。独立性是指不易受到他人影响,有较强的独立实施行为目的的能力。学前儿童在画画、角色扮演、手工制作等活动中，呈现出想象的独立性。

### （二）再造想象为主，创造想象开始发展

整个学前阶段，想象活动以再造想象为主，创造想象开始发展。

#### 1. 再造想象占主导地位

学前儿童的想象依赖于外界环境的刺激，依赖于学前儿童的生活经验，依赖于成人的言语，离开这些条件，想象难以进行。所以说，学前儿童的生活离不开再造想象，表现为想象在很大程度上具有复制性和模仿性。再造想象是学前儿童逐渐认识世界、适应社会、学会生活的重要手段和途径。

#### 2. 创造想象开始发展

中、大班以后，创造想象开始发展，想象中开始出现创造的成分。这时的创造想象呈现以下特征。

(1) 最初的创造想象是基于现实的再创造。学前儿童通过观察和模仿现实生活中的事物，运用自己的想象力进行再创造。例如，画出自己心目中的家、制作一个小玩具等。

(2) 学前儿童的创造想象逐渐脱离现实。随着学前儿童认知的发展，他们开始创造出与现实世界不同的情境和角色。例如，学前儿童通过玩具模拟医生、警察等角色，创造出自己心中的故事情节。

(3) 创造想象表现出丰富多彩的形式。学前儿童的创造想象可以通过绘画、手工制作、角色扮演、建构活动、故事表演等多种形式表现出来。

(4) 学前儿童的创造想象是自发、自主的。学前儿童的创造想象是主动发起的，他们可以根据自己的兴趣和需要进行创造。同时，学前儿童的创造想象也是自主的，不受成人

的限制和干预。成人要给予他们足够的空间和自由，激发他们的创造想象。

### （三）想象具有极大的夸张性

学前儿童想象的一个突出特点就是具有极大的夸张性，这种夸张表现在两个方面。

#### 1. 夸大事物的某个部分或某种特征

学前儿童在想象中常常夸大事物的某个部分或某种特征。例如，学前儿童在绘画时，喜欢把头、脸、嘴巴画得很大，身体则画得小很多，脱离现实。

学前儿童想象的夸张性是其心理发展特点的一种反映。首先，学前儿童的认知水平还处于感性认识占优势的阶段，往往抓不住事物的本质特征。其次，情绪影响想象的过程。学前儿童情绪性强，往往感兴趣的东西占据主要地位。

#### 2. 想象脱离现实，想象与现实混淆

想象具有夸张性还表现在想象脱离现实，想象与现实混淆。

(1) 想象脱离现实。学前儿童喜欢听童话故事，因为童话故事中有很多夸张的成分。学前儿童在讲故事时，也喜欢用夸张的手法。在绘画时，也表现出夸张性的特点。例如，小人国里有像拇指一样的矮人，巨人国里有和天一样高的巨人。

(2) 想象与现实混淆。学前儿童常常将想象与现实混淆，主要表现在三个方面：把渴望得到的说成是已经得到的；把希望发生的当成已经发生的事情；在参加游戏或者欣赏文艺作品时，往往身临其境，产生与角色相同的情绪反应。

产生这种现象的主要原因在于学前儿童的感知分化不足。由于知识经验不足以及认识能力较弱，学前儿童不能分清真和假、想象与现实。

学前儿童的想象与现实混淆，常常会被成人误认为在说谎，并予以严厉批评，这是不科学的。一旦出现这种情况，成人要耐心询问，弄清事实真相，帮助他们分清想象和现实。

## 第三节　学前儿童想象能力的培养

学前期是想象力发展最快的时期，学前儿童想象力如果得到充分的保护和培养，就会对学前儿童的成长产生重要影响，家长和教师一定要尊重学前儿童的想象，培养学前儿童的想象力，培养途径如下。

### 一、激发学前儿童的好奇心

研究表明，好奇心与创造力的发展成正比例关系，好奇心强的孩子，一般创造力也比较强。因此，为使学前儿童想象更富有创造性，教师必须珍视学前儿童的好奇心，并能够进一步激发他们的好奇心，使学前儿童的想象始终处于活跃状态。

## 二、丰富学前儿童的感性经验

想象发展水平如何，取决于原有的记忆表象是否丰富，而原有表象丰富与否取决于感性经验的积累。知识和经验的积累，是学前儿童想象力发展的基础。在实际生活中，教师要尽可能利用一切机会引导他们去看、去听、去模仿、去观察，丰富学前儿童的感性经验，指导学前儿童感知客观世界。

## 三、开展多种文学艺术活动

首先，学前儿童想象力的发展离不开语言活动。通过语言，学前儿童能获取间接知识，丰富想象的内容。学前儿童也可以通过言语表达自己的想象，如学习故事、诗歌、童谣等，可以激发学前儿童广泛的联想。

其次，美术活动可以促进学前儿童想象力的发展。在绘画活动中，学前儿童可以无拘无束地发挥想象力，构思出奇特、新颖的作品。

最后，舞蹈活动也是培养学前儿童想象力的重要手段。通过感受舞蹈的美，运用想象理解艺术形象，运用创造性思维表达艺术形象，这些都能促进学前儿童想象力的发展。

## 四、组织丰富的游戏活动

游戏是学前儿童的基本活动。在角色游戏、表演游戏等创造性游戏中，随着扮演的角色和游戏情节的发展变化，学前儿童的想象力异常活跃。学前儿童的想象力是在有趣的游戏活动中逐渐发展起来的。游戏内容越丰富，想象就越活跃。因此，教师要积极引导学前儿童参与各种游戏。

## 五、营造宽松的心理氛围

成人应给学前儿童想象的自由，培养他们敢想、多想的创造精神，鼓励他们想象得与众不同、别出心裁，这对发展学前儿童的想象力是极有益处的。

## 六、家园合作，善用生活契机

在日常生活、教育活动中培养学前儿童的想象力，需要教师和家长的共同努力，教师和家长应该利用一切机会为学前儿童创造想象的有利环境，全方位、多角度地为学前儿童提供丰富而宽松的空间，鼓励学前儿童大胆想象，从而使学前儿童得到更好的发展。

▶▶ 🔊 **本章考点** ········································

### 1. 名词解释

(1) 想象 / 表象；(2) 有意想象 / 无意想象；(3) 再造想象 / 创造想象。

## 2. 简答

(1) 想象有哪几种类型？

(2) 婴儿想象的发生及特点是什么？

(3) 简述学前儿童想象的发展特点。

(4) 如何培养学前儿童的想象力？

▶▶ 🎙 课后习题 ·······························································

### 一、单选题

1. 某5岁儿童画的西瓜比人大，画的两颗尖牙也占了人脸的大部分。这说明学前儿童（   ）。

　　A. 未掌握画面布局比例　　　　B. 绘画技能稚嫩

　　C. 感觉的强调和夸张　　　　　D. 表象符号的形成

2. 学前儿童拿一根竹竿当马骑，竹竿在这个游戏中属于（   ）。

　　A. 表演性符号　　　　　　　　B. 工具性符号

　　C. 象征性符号　　　　　　　　D. 规则性符号

3. 一名学前儿童画小朋友放风筝，将小朋友的手画得很长，几乎比身体长了3倍。这说明学前儿童的（   ）特点。

　　A. 形象性　　　　　　　　　　B. 抽象性

　　C. 象征性　　　　　　　　　　D. 夸张性

4. 在"秋天的树"美术活动中，教师不适宜的做法是（   ）。

　　A. 让学前儿童按照教师的范画绘画

　　B. 组织学前儿童观察幼儿园的树

　　C. 提供各种树的照片，组织讨论

　　D. 引导学前儿童欣赏树的名画

5. 学前儿童常把没有发生或期望的事情当作真实的事情，这说明学前儿童（   ）。

　　A. 好奇心强　　　　　　　　　B. 说谎

　　C. 移情　　　　　　　　　　　D. 想象与现实混淆

6. 依据想象活动有无（   ），想象可以分为有意想象和无意想象。

　　A. 客观性　　　　　　　　　　B. 概括性

　　C. 目的性　　　　　　　　　　D. 直观性

### 二、材料分析题

离园时，3岁的小凯对妈妈兴奋地说："妈妈，今天我得了一个'小笑脸'，老师还贴在我的脑门儿上了。"妈妈听了很高兴。连续两天，小凯都这样告诉妈妈。后来妈妈和老师沟通后才得知，小凯并没有得到"小笑脸"。妈妈生气地责怪小凯："你这么小，怎么就说谎呢？"

问题：小凯妈妈的说法是否正确？试结合学前儿童想象的特点，分析上述现象。

【开放式问答】

在美工区，花花用水彩笔把指甲盖涂成了彩色，问你好不好看。对此，你怎么回答？

【德育角】

习近平 2021 年 6 月 25 日在十九届中央政治局第三十一次集体学习时的讲话中谈到，要设计符合青少年认知特点的教育活动，建设富有特色的革命传统教育、爱国主义教育、青少年思想道德教育基地，引导他们从小在心里树立红色理想。对此，你怎么看？

# 第九章

# 学前儿童的思维

## 场景呈现

　　婷婷和小洁是双胞胎姐妹，有一天，老师问婷婷："你有姐姐吗？"婷婷说："有的，我姐姐是小洁。"过了一会儿老师又问婷婷："小洁有妹妹吗？"婷婷却摇了摇头说："没有。"

　　思考：这反映了幼儿思维的什么特点？

## 学习目标

1. 幼儿思维的发生；
2. 幼儿思维的发展阶段及特点。

## 知识框架

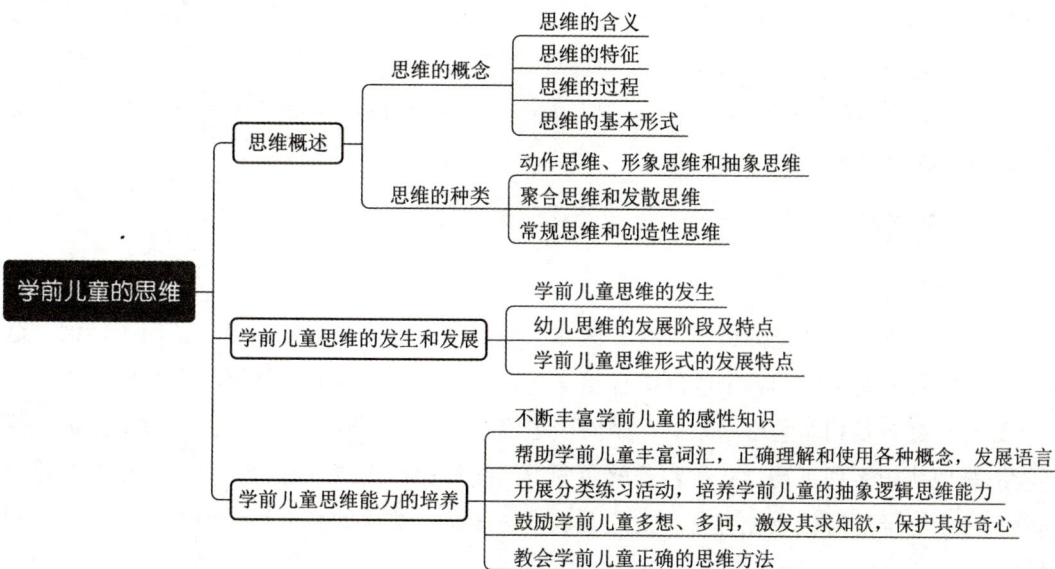

## 第一节　思　维　概　述

### 一、思维的概念

#### （一）思维的含义

思维是人脑对客观事物间接概括的反映。它是借助言语、表象或动作实现的、能揭示事物本质特征及内部规律的认识过程。思维是人类智慧活动的核心，是认识过程的理性阶段和高级反映形式。

#### （二）思维的特征

(1) 思维的概括性。例如，幼儿将形状、颜色和大小不同而能写字画图的用具统称为"笔"；人们发现下雨前动物的异常表现，总结得出"蚂蚁搬家""燕子低飞"是下雨的征兆这一结论。

(2) 思维的间接性。例如，人类学家根据古生物化石及其他有关资料推知人类进化的规律。

【小试牛刀】

请你回答：感知觉和思维的区别？

参考答案：感知觉是人的心理过程中认识活动的初级阶段，也是低级阶段。是人脑对事物的个别或者整体属性的直接反映；而思维是认识活动的高级阶段，是人对客观事物进行的间接的、概括的反映。例如，幼儿看见图画中许多孩子在雪地里堆雪人，就知道这是冬天，"看见雪地堆雪人"这是学前儿童的感知觉，而间接地知道"这是冬天的景象"是学前儿童思维的结果。

#### （三）思维的过程

##### 1. 分析与综合

思维的基本过程就是分析与综合。例如，我们将一篇文章分解为段落、句子、词，这就是分析；我们将文章的各个段落综合起来，就能把握文章的中心思想，这就是综合。

分析和综合是相互紧密联系的，是同一思维过程不可分割的两个方面。没有分析，就不能清楚地认识客观事物，各种对象就会变得笼统模糊；而离开综合，对客观事物的各个部分、个别特征等有机成分容易产生片面认识，无法从对象的有机组成因素中完整地认识事物。

### 2. 比较

比较是指在头脑中确定各种事物的相同点和不同点的过程。比较是分类的基础。

### 3. 抽象与概括

抽象与概括也是重要的思维过程，抽象是在观念里把事物的共同属性、本质特征抽取出来，舍弃其有所不同的、非本质特征的过程；概括是把抽象出的共同的、本质特征结合在一起，概括得出概念，概念是以词来表示的。例如，我们对各种鸟进行分析、综合和比较以后，抽取它们的共同本质属性"有羽毛""两只脚""会飞"，舍弃其本质属性如颜色、形态、大小、飞行高低等，这就是抽象。同时，我们把这些共同的属性特征结合起来，推及其他鸟，从而认识到了"凡是有羽毛的动物是鸟"，这就是概括。

### 4. 具体化

具体化指的是将抽象的概念、想法或情感转化为具体的、可感知的形式或体验的过程。例如，在教学中，教师用实例来说明原理就是具体化的应用。

#### （四）思维的基本形式

### 1. 概念

概念是人脑反映事物本质属性的思维方式。概念总是和词联系着，用词来表示，以词的意义形态出现。

### 2. 判断

判断是概念与概念之间的联系，反映事物之间或者事物与其特性之间的肯定或否定联系的过程。典型的判断句式如"他是老师""蝴蝶不是鸟"等。

### 3. 推理

推理是人在头脑中根据已有的判断推导出新判断的过程，是判断与判断之间的联系。推理可以分为归纳推理、演绎推理和类比推理。

## 二、思维的种类

#### （一）动作思维、形象思维和抽象思维

根据思维过程中的凭借物不同，思维可分为动作思维、形象思维和抽象思维。

(1) 动作思维是以具体动作为工具的思维过程，也叫操作思维、实践思维。例如，婴儿将玩具拆开，再组合起来；幼儿借助手指进行加减法的计算。

（想一想：结合生活经验，你们认为有哪些思维活动属于这种动作思维呢？动作思维是儿童所独有的吗？）

(2) 形象思维是以直观形象和表象为工具的思维过程。但是，由于形象思维借助事物的具体形象进行思考，还不能够真正揭示事物的本质，容易流于事物的表面现象和特征。

例如，我们在放假回家的时候，头脑中会呈现不同的路线，比如坐飞机、火车或者是

客车，经过分析比较，选择最为合适的一种，这就是形象思维的过程。艺术工作者，如作家、导演、设计师等常常使用形象思维。

(3) 抽象思维是用概念进行判断、推理并得出结论的过程。比如数学中的公式计算、推导，主要运用到的是抽象逻辑思维。生活中，科学家和理论工作者比较常用这种思维方式。

### （二）聚合思维和发散思维

按照探索问题答案方向的不同，思维可分为聚合思维和发散思维。

(1) 聚合思维是按照已知的信息和熟悉的规则进行的思维，又叫求同思维。如 A＞B，B＞C，所以 A＞C。

(2) 发散思维是沿着不同的方向探索问题的答案的思维，又叫求异思维。例如，你能想到曲别针的几种用途？铅笔除了书写还能用来干什么？

【知识拓展】

## 头脑风暴法

奥斯本 (Alex Osborn) 提倡的头脑风暴法是借助发散思维解决问题的一种方法。头脑风暴法是按照打破常规、出奇制胜的原则，致力于找到解决问题的方法的一种思维形式，它能为问题的解决提出多种可能的路径。

美国通用电气公司就是在头脑风暴法的启发下找到了解决棘手问题的巧妙方法。一次美国北部下暴雪，压断了高压电线，造成了重大损失。为此，美国通用电气公司紧急召开工程智慧讨论会，以期用头脑风暴法迅速找到最佳解决方案。围绕中心议题，公司鼓励专家畅所欲言。有人提议用加温装置消融积雪。主持人继续鼓励大家开动脑筋提出各自的绝招。又有人幽默地提出："最简单的莫过于用大扫帚沿线清扫一回。"有人马上接过话题："那得把上帝雇来啦。"这些怪念头和俏皮话，却启发了一位讨论参与者的思想火花："啊哈！上帝拖着扫帚来回跑，真妙！我们开一架直升机不就行了吗？"是的，飞机的速度和风力足以迅速地吹掉高压线上的积雪。最后，美国通用电气公司采纳了这一方案，实践证明它不仅行之有效，而且是最省钱的办法。

### （三）常规思维和创造性思维

按照创新程度的不同，思维可分为常规思维和创造性思维。

(1) 常规思维是用已知的方法去解决问题的思维。比如学生按照相同的方法、熟悉的公式来解决证明问题。

(2) 创造性思维是用独创的方法去解决问题的思维。比如作家创作新的小说，设计师设计新的款式等。创造性思维是人类社会价值最高的思维方式。人们运用直觉、灵感、想象等手段来触发新思想、产生新意向、拓展新领域，创造更有价值的全新物质产品或精神产品。

## 第二节　学前儿童思维的发生和发展

### 一、学前儿童思维的发生

在继感知觉、记忆等认识过程发生发展之后，在两岁左右时，儿童的思维开始发生，幼儿形成语词概括的能力，就是思维发生的指标。

幼儿概括能力的发展要经过以下三个阶段。

第一阶段：直观的概括。这一阶段，幼儿主要是对事物最鲜明和突出的外部特征进行概括。

第二阶段：动作的概括。随着幼儿年龄的增长和社会经验的丰富，他们已经逐渐掌握了各种物体的用途，也开始慢慢学会用这些物体表达自己的意愿。

第三阶段：语词的概括。两岁左右，幼儿出现了语词的概括，开始能按照物体的较稳定的主要特征加以概括，从这时候开始，幼儿的思维开始萌芽。

### 二、学前儿童思维的发展阶段及特点

#### 1. 直观行动思维

直观行动思维，也称直觉行动思维，是利用直观的、行动的方式解决问题的思维。直观行动思维实际上是"手和眼的思维"。因此，这种思维有以下主要特点。

(1) 直观性。例如，幼儿只有抱着娃娃才会玩"过家家"，一旦离开娃娃，游戏就停止了；看到别人玩水，自己也要玩水；看到别人玩球，自己也要玩球。

(2) 行动性。例如幼儿在绘画的时候，往往画之前不知道要画什么，完成之后才知道画的是什么。当我们问一个两岁的孩子，如何将放在桌子中央的球拿下来时，幼儿不会有任何思考，而是直接踮起脚尖来"拿"。

【知识拓展】

### 早 期 教 育

0～3岁是婴幼儿直观行动思维发展的关键时期，作为幼儿教师，应当针对婴幼儿思维发展的特点，让婴幼儿多多参与有利于刺激其思维发展的智慧型动作游戏，让其在愉悦轻松的动作游戏中，获得大脑技能的发展，为下一阶段形象思维与逻辑思维的发展打下良好的基础。

研究表明，对0～3岁的婴幼儿来说，"识字""背唐诗"远远不如运动能力更能刺激其智力的发展。

**2. 具体形象思维**

具体形象思维是指凭借事物的形象或表象来进行的思维。学前儿童主要以具体形象思维为主。这种思维有以下特点。

(1) 具体性。例如，在幼儿园中，教师对小朋友们说："吃完饭的小朋友可以去上厕所了。"有的小朋友就不会理解，但如果教师具体叫出小朋友的名字，小朋友就明白老师所说的话了。

(2) 形象性。例如，对于太阳，幼儿总会认为是"红太阳"和"太阳公公"；对于老人，幼儿总会认为他们的头发应该是白色的，走路应该拄着拐杖等。

**【知识拓展】**

### 幼儿思维的其他特点

幼儿的具体形象思维还派生出一系列的特征，如自我中心化、泛灵性、经验性和表面性。

(1) 自我中心化。自我中心化是指幼儿完全以自己的身体和动作为中心，从自己的立场和观点去认识事物。心理学家皮亚杰通过一系列的实验发现了幼儿自我中心化的思维特点，如我们之前讲到的"三山实验"就表明了幼儿还不会站在他人的立场来观察现象、分析问题。

(2) 泛灵性。泛灵性是指幼儿将一切物体赋予生命的色彩。例如，阴天的时候，幼儿会说："太阳公公好像生气了，它怎么躲起来了？"

(3) 表面性。表面性是指幼儿是根据具体接触到的表面现象来思考问题的。例如，妈妈对幼儿说："如果你再不睡觉，大灰狼就来吃你了。"幼儿临睡前就会问妈妈："大灰狼怎么还不来，我想看大灰狼。"

(4) 经验性。经验性是指幼儿的思维常常根据自己的生活实际来思考问题。例如，幼儿知道了花儿需要浇水才能长大，那么当他希望自己的玩具小熊也能够长大一点时，也许会将小熊埋入土里并给小熊浇水。

**【小试牛刀】**

幼儿难以理解反话的含义，是因为幼儿理解事物具有(　　)。

A. 双关性                     B. 表面性

C. 形象性                     D. 绝对性

参考答案：B。这道题说明了幼儿思考问题容易根据表面现象来进行，体现了幼儿思维表面性的特点。

**3. 抽象逻辑思维**

抽象逻辑思维是指利用抽象的概念或词，根据事物本身的逻辑关系解决问题的思维。严格来讲，学前儿童尚不具备这种思维方式。但是幼儿晚期，即幼儿6~8岁这一时期，儿童开始出现抽象逻辑思维的萌芽。例如，这一时期的儿童已经明白，见到女士叫"阿姨"，见到男士叫"叔叔""伯伯"；看电视时可以分清角色的好坏等。

学前儿童抽象逻辑思维萌芽的表现主要有以下几个方面。

(1) 开始获得可逆性思维。例如，儿童已经可以回答"小强有个哥哥叫小明，那小明的弟弟叫什么"等问题。

(2) 思维开始能够去自我中心化。这一时期的儿童逐渐意识到其他人与自己的立场、观点、角度可能是不同的，能够克服思维自我中心化的局限，学会站在他人的角度来看待问题和分析问题。

(3) 开始能够同时将注意集中于某一物体的几个属性，并开始认识到这些属性之间的关系。

(4) 儿童开始使用逻辑原则。儿童获得的重要逻辑原则是不变性原则，即一个客体的基本属性不变。另一个原则是等价原则，即 A = B，B = C，那么 A = C。

# 三、学前儿童思维形式的发展特点

## 1. 学前儿童概念发展的特点

概念是思维的基本形式，概念的掌握对于思维的发展极为重要，概念能够帮助学前儿童超越事物表面而理解其更深层次的相似性。

1) 学前儿童掌握概念的方式

概念是人脑对客观事物的本质属性的反映。概念一般是用词表示的，词是概念的物质外衣，也就是概念的名称。

学前儿童获得概念的方式大致有以下两种。

(1) 通过实例获得概念。学前儿童在日常生活中经常接触各种事物，其中有些就被成人作为概念的实例特别加以介绍，同时用词来称呼它。例如，带孩子外出的时候，看到各种车辆就告诉他，这是"汽车"，那是"马车"。成人在教给幼儿概念时，也会列举实例。例如指着画片上的物品告诉他："这是牛，这是马。"

研究表明，学前儿童掌握的概念几乎都是通过这种方式获得的。

(2) 通过语言理解获得概念。在较正规的学习中，成人也常用给概念下定义，即以讲解的方式帮助幼儿掌握概念。要通过这种方法掌握概念，必须要求儿童理解概念的本质特征。而且，用这种方式获得的概念不是日常概念，往往是科学概念。

【小试牛刀】

你是怎样掌握"灯"这一概念的？又是怎样掌握"动物"这一概念的？

参考答案：先了解灯的主要特征，会发光、需要用电（电灯）、需要用油（煤油灯），然后概括出"灯是一种照明工具"。先知晓动物有脚、能动、会飞、需要呼吸、要进食获得能量，然后概括出动物的主要特征，人也是一种动物，是一种高级动物。

2) 学前儿童掌握概念的特点

儿童概念的掌握受到儿童概括水平的限制和制约，同时儿童知识经验水平的高低、词语使用水平的高低，制约着儿童概括水平的高低、概念水平的高低。由于学前儿童的词的概括水平还是很低的，因而学前儿童概念的水平也跟成人概念的水平有所不同。

老师带领孩子们去动物园，一边看猴子、老虎、大象等，一边告诉他们这些都是动物。回到班上，老师问孩子们"什么是动物"时，许多幼儿都回答"是动物园里的，让小朋友看的"。"是老虎、狮子、大象……"如果老师又告诉孩子们"蝴蝶、蚂蚁也是动物"，很多孩子会觉得很奇怪。老师又告诉他们"人也是动物"，孩子们就更难理解了，甚至有的孩子争辩说："人是到动物园看动物的，人怎么是动物呢？哪有把人关进笼子里让人看的！"

学前儿童的概括能力主要属于形象水平，后期开始向本质抽象水平发展，这决定了学前儿童掌握概念的特点主要有以下几个。

(1) 概括的内容比较贫乏。学前初期儿童还跟两三岁儿童一样，只能进行初步的概括，概括的内容极其贫乏。每一个词，基本上只代表一个或某一些具体事物的特征，而不是代表某一类的大量事物的共同特征。例如，"猫"只代表自己家里的小花猫或少数他所看过的猫，"树"只代表自己家门前的树或少数他所看过的树。到了幼儿晚期，概念所概括的内容才逐渐丰富。

(2) 概括的特征很多是外部的、非本质的。儿童虽能概括某一类事物的共同特征，但常常把外部的和内部的、非本质的和本质的特征混在一起，还不能很好地对事物的内部的、本质的特征进行概括。正是由于这个原因，学前儿童大多以功用性的定义来说明关于事物的概念。例如"杯子"，这是喝水的；"衣服"，这是穿的。

(3) 概括的内涵往往不精确。儿童还不能进行本质的概括，因而概括的内涵往往不精确。有时失之过宽。例如，把桌椅、柜子概括为"用的东西"，把萝卜也归入"果实"。有时又失之过狭，例如，4岁小孩以为"儿子"一词就代表小孩，因此，有一天看见一个高大而嘴上有短胡须的男人说自己是幼儿园里保姆的儿子，就感到非常惊奇。

只有到了学前晚期，儿童才有可能掌握一些比较抽象的概念，例如野兽、动物、家具、种子、勇敢等。所以作为幼儿教师，应当了解学前儿童心理发展的基本特点，教学中切记盲目，将孩子无法理解的抽象概念生硬灌输给孩子。

3) 学前儿童数的概念的初步掌握

案例：一天，果果的妈妈高兴地对老师说："果果已经能够数100个数了。"老师感叹真不简单啊！可是当老师从糖盒里抓出十几块糖让果果数时，果果却东一块西一块乱数，最后说是10块。

为什么会出现这种情况呢？怎么帮助孩子正确认识数的概念呢？首先，让我们从数的概念开始了解。

学前儿童数的概念的形成和发展包括了计数能力的发展、对数序的认识、数的守恒以及对数的组成的掌握。其中学前儿童计数能力标志着他对数的实际意义的理解程度，也标志着儿童数的概念的初步形成。

学前儿童数的概念的发展大致要经历以下四个阶段。

第一阶段，口头数数。3～4岁的幼儿一般能从1数到10，但多数都像背儿歌似的背诵这些数字，带有顺口溜的性质，并没有形成每一个数词与实物间的一对一的联系，这表明幼儿尚不理解数的实际意义。这一阶段幼儿的口头计数表现出以下特点：

(1) 幼儿一般只会从"1"开始，顺序地往下数，如果遇到干扰就不会数了。

(2) 幼儿一般不能从中间的任意一个数开始数，更不会倒着数。

(3) 在口头数数中，常会出现脱漏数字或循环重复数字的现象。

第二阶段，给物说数。用手逐一指点物体，同时有顺序地说出数词，使说出的一个数词与手指点的一个物体一一对应。

第三阶段，按数取物。这一时期，儿童能够按一定的数目拿出同样多的物体，这是对数概念的实际运用。按数取物首先要求儿童能记住所要求取物的数目，然后按数目取出相应的物体。

第四阶段，掌握数的概念。这一时期，儿童能够把事物的数量关系从各种对象中抽出，并和相应的数字建立联系。也就是说，儿童真正掌握了数字的含义。例如，正确理解数字"3"，知道"3"不仅代表3个苹果，同样代表了所有数量为3的物体。

### 2. 学前儿童判断能力的发展

学前儿童判断能力的发展特点有以下几点。

**1) 判断形式的间接化**

从判断形式上看，学前儿童的判断以直接判断为主，开始向间接判断发展。

直接判断主要是感知形式的判断，不需要复杂的思维加工。例如，她是个女孩子。

间接判断则通常需要推理，反映事物之间因果、时空、条件等联系。例如，她虽然打扮得和男孩子一样，但她还是个女孩子。

**2) 判断内容的深入化**

从判断内容上看，儿童的判断首先反映事物的表面联系。因此幼儿初期儿童往往把直接观察到的物体表面现象作为因果关系进行判断，这些判断都是根据表面现象或偶然性的联系进行的。在发展过程中，幼儿逐渐找出比较准确而有意义的原因。例如，对物体浮沉现象，该年龄儿童说："火柴浮起来，因为它在水里。""乒乓球是红的，没有脚杆，磁球不是红的。""球在斜面上滚下来，因为这儿有小山，球是圆的，它就滚了，要是钩子，如果不是圆的，就不会滚动了。"

5～6岁幼儿，开始能够按事物的隐蔽的、比较本质的联系，作出判断和推理。例如，"皮球是圆的，它要滚。""(桌子)断了三条腿，它站不稳。""(乒乓球)空，会漂。""(磁球)不是空的，是石头做的，就会落下去。"

**3) 判断根据客观化**

幼儿初期常常不能按照事物本身的客观逻辑进行判断和推理，而是从自己对生活的态度出发。如问"为什么球会从高处滚下来"的时候，幼儿结合自身的生活体验，认为球跟自己一样不喜欢待在椅子上，所以才滚下来。随着年龄的增长，幼儿逐渐从以生活逻辑为根据的判断，向以客观逻辑为根据的判断发展。在这个过程中，还要经过以事物的偶然性特征 ( 颜色、形状等 ) 为根据，过渡到以孤立的、片面的、不确切的原则为根据 ( "重的沉，轻的浮" )，然后，开始出现一些正确的或接近正确的客观逻辑的判断 ( "木头做的东西在水里浮" )。

**4) 判断论据明确化**

幼儿初期儿童虽然能够作出判断，但是，他们没有或不能说出判断的依据，3～4 岁儿童或者以别人的论据作为论据。例如，"妈妈说的" "老师说的"。随着幼儿的发展，他们开始设法找寻论据，但是最初出现的论据往往是游戏性的或猜测性的。

### 3. 学前儿童推理能力的发展

**1) 推理的形式**

在前面的内容中我们已经介绍过什么是推理了，那么推理有哪几种形式呢？一般来说，推理包括转导推理、演绎推理、类比推理和归纳推理四种。

(1) 转导推理。这是儿童最初的推理形式，是从一些特殊的事例到另一些特殊事例的推理。这种推理还不是逻辑推理，而属于前概念的推理。皮亚杰指出，2 岁儿童已经出现转导推理。

例如，3～4 的幼儿在动物园看到梅花鹿时问妈妈："如果天天往它头上浇水，那树枝一定能长出树叶来的，是吧？"

(2) 演绎推理。这是从一般性的前提出发，通过推导即"演绎"，得出具体陈述或个别结论的过程。演绎推理中典型的就是三段论式演绎推理。

例如，知识分子都是应该受到尊重的，人民教师都是知识分子。所以，人民教师都是应该受到尊重的。一般来讲，学前晚期 (5～7 岁 ) 经过专门教学，能够正确运用三段论式的演绎推理。

(3) 类比推理。这是根据两个或两类对象的部分相同属性，从而推出它们的其他属性也相同的推理。比如从"耳朵是用来听的"推出"眼睛是用来看的"。3～6 岁的儿童开始具有发展基本水平的类比推理。

(4) 归纳推理。这是从个别性知识推出一般性结论的推理。

例如，在一个平面内，直角三角形内角和是 180°，锐角三角形内角和是 180°，钝角三角形内角和是 180°，直角三角形、锐角三角形和钝角三角形是全部的三角形，所以，平面内的一切三角形内角和都是 180°。

对于儿童来说，归纳推理需要丰富的知识经验和抽象逻辑思维才能够开展，因此学前儿童几乎看不到归纳推理。

**2) 推理的特点**

综上所述，学前儿童在其经验可及的范围内，已经能进行一些推理，但其整体水平比较低，其特点具体体现在以下三个方面。

(1) 抽象概括性差。不少儿童看到红积木、黄木球、火柴棍浮在水面上，不会概括出木头做的东西会浮的结论，而只会说："红的、方的、圆的、小的东西浮在水上。"

（2）逻辑性差。学前儿童尤其是年龄小的儿童，往往不会推理。因此，2岁的涛涛不能够推理出"妈妈下班就会来接你"的这一结论，只是单纯地认为再也见不到妈妈了，因此会一直哭。

而大一些的孩子似乎有逻辑推理的能力，但其思维方式与事物本身的客观规律之间的一致程度较低，常常不是按照事物本身的客观逻辑去推理，而是以自己的"逻辑"去思考。

（3）自觉性差。学前儿童的推理有时不能服从于一定的目的和任务，以至于思维过程时常离开推论的前提和内容，例如，儿童在计算三个苹果加两个苹果等于几个苹果时，儿童会议论什么样的苹果好吃或者自己喜不喜欢苹果等。

【知识拓展】

### 幼儿理解发展的特点

理解是个体运用已有知识经验去认识事物的联系、关系乃至其本质和规律的思维活动。学前儿童对事物的理解有以下发展趋势。

（1）从对个别事物的理解，发展到理解事物的关系。从理解的内容上看，儿童对图片和故事的理解中都可以看到这种发展趋势。儿童对图画的理解，起先只是理解图画中最突出的个别人物，然后理解人物形象的姿势和位置，最后理解主要人物或物体之间的关系。

（2）从主要依靠具体形象来理解事物，发展到依靠语言说明来理解。从理解的依据上看，由于言语发展水平的限制以及幼儿思维的特点，孩子们常常依靠行动和形象理解事物。随着年龄的增长，儿童逐渐能够摆脱对直观形象的依赖，而只靠语言描述来理解。

（3）从对事物简单、表面的理解，发展到理解事物较复杂、较深刻的含义。

（4）从理解与情感密切联系，发展到比较客观的理解。

（5）从不理解事物的相对关系，发展到逐渐能理解事物的相对关系。

## 第三节　学前儿童思维能力的培养

学前儿童思维能力的高低与成人的培养有非常大的关系，可以通过以下方法提高幼儿的思维能力。

### 一、不断丰富学前儿童的感性知识

思维是在感知的基础上发生和发展起来的，人们对客观世界的正确认识，是通过感知获得大量具体的、生动的材料之后，再经过大脑的分析、综合、比较、抽象、概括等思维过程达到的。感性知识越丰富，思维就越深刻，所以，如果在日常生活中有意识地引导幼儿重点观察周围事物的变化，并每天进行谈话活动，幼儿就会有许多新的发现。例如："我们教室里的花开了。""我们幼儿园的大门重新粉刷了。""大家都开始穿裙子了。"

在观察发现的基础上，教师可以引导幼儿提出问题并进行思考，通过多种途径加以探索，寻找答案。例如："为什么玻璃杯掉在地上容易打碎？"通过实验操作，使幼儿懂得是因为玻璃杯碰到了硬的物体以及玻璃本身就容易碎。"冬天堆起的雪人，为什么第二天就化了？"通过进一步观察和思考，使幼儿懂得是阳光有热量、冰雪受热融化的原因。

## 二、帮助学前儿童丰富词汇，正确理解和使用各种概念，发展语言

语言是思维的物质外壳，语言是表达思维最完全、最精确的方式。借助于词的抽象性和概括性，人脑才能对事物进行概括、间接的反映，通过语言字词和语法规则，幼儿才得以逐渐摆脱实际行动的直接支持，摆脱表象的束缚，抽象、概括出事物之间的规律性联系。一个语言修养很差的人，绝不会有高度发展的思维能力；一个语言混乱的人，思维也必然没有条理甚至混乱。因此培养幼儿的语言表达能力，对发展思维能力是至关重要的。

## 三、开展分类练习活动，培养学前儿童的抽象逻辑思维能力

分类法常常是用来测查学前儿童概括能力和掌握概念的水平的，也是用来培养和发展学前儿童概括能力的。进行分类练习，有利于发展学前儿童的概括能力、抽象逻辑思维能力。进行分类练习的方法很多。例如，在学前儿童面前摆好正确归类的图片组，告诉学前儿童每组（类）的名称，并适当地说明理由，然后让学前儿童自己说出各类图片组的名称和分组（类）的理由。

## 四、鼓励学前儿童多想、多问，激发其求知欲，保护其好奇心

好奇心是儿童的特点，幼儿对周围的环境充满着探索的欲望，要使幼儿能提出问题，必须激发幼儿的求知欲，保护幼儿的好奇心，鼓励他们好问、多问、多动脑，这样能够使学前儿童的思维经常处于积极的活动状态中，在不断获取知识和信息的同时，有助于思维能力的发展。例如，"两个大小、颜色完全相同的球，一个是木头做的，另一个是石头做的。请小朋友们想象，用什么办法才能把它们区别出来？办法想得越多越好。"

## 五、教会学前儿童正确的思维方法

儿童随着年龄的增长，有了较多的感性知识和生活经验，语言也达到了较高的水平，为思维发展提供了条件和工具。但幼儿还需要掌握正确的思维方法，这样才能够更好地利用这些条件和工具。幼儿不是一开始就能够掌握思维的方法，这就需要成人加以引导，教给幼儿在遇到问题时应如何通过分析、综合、比较和概括进行逻辑的判断和推理。

**【小试牛刀】**

作为教师，面对幼儿思维中的自我中心化特点，我们应该注意哪些问题呢？

参考答案：不能简单地将幼儿自我中心的行为指责为自私、不道德或性格缺陷，更不能随意斥责或批评幼儿。

精心、巧妙地设计教学。例如将抽象的音乐意象再现为幼儿生活经验中的场景，让幼儿可以从自己的角度欣赏曲子；教学时提供更多的事物图片等。

帮助幼儿学会换位思考，让幼儿在同一游戏中扮演多种角色，体验不同角色的内心世界；或者让幼儿思考"如果是我，我该怎么办"，以了解他人的情感和需求。

## ▶▶ 🔊 本章考点 ·······························

### 简答题

(1) 思维的特征；

(2) 思维种类；

(3) 婴儿思维的发生、幼儿思维的发展阶段及特点。

## ▶▶ 🔊 课后习题 ·······························

### 一、选择题

1. 儿童思维方式的变化发展，与思维所用工具的变化相联系，直观行动思维所用的工具主要是 (　　)。

A. 感知动作　　　　　　　　B. 表象

C. 判断　　　　　　　　　　D. 概念

2. 儿童开始能够按照物体某些比较稳定的主要特征进行概括，说明儿童已出现了 (　　)。

A. 直观的概括　　　　　　　B. 语词的概括

C. 表象的概括　　　　　　　D. 动作的概括

3. 幼儿典型的思维方式是 (　　)。

A. 直观动作思维　　　　　　B. 抽象逻辑思维

C. 直观感知思维　　　　　　D. 具体形象思维

4. 小班幼儿玩橡皮泥时，往往没有计划性。橡皮泥搓成团就说是包子，搓成条就说是油条，长条橡皮泥卷起来就说是麻花。这反映了小班幼儿 (　　)。

A. 具体形象思维的特点　　　B. 直觉行动思维的特点

C. 象征性思维的特点　　　　D. 抽象逻辑思维的特点

5. 下雨天走在被车轮碾过的泥泞路上，晓雪问："爸爸，地上一道一道的是什么呀？"爸爸说："是车轮压过的泥地儿，叫车道沟。"晓雪说："爸爸脑门儿上也有车道沟 (指皱纹)。"晓雪的说法体现的幼儿思维特点是 (　　)。

　　A. 转导推理　　　　　　　　B. 演绎推理

　　C. 类比推理　　　　　　　　D. 归纳推理

　　6. 青青的妈妈说："那小孩儿嘴真甜!"青青问："妈妈,您舔过她的嘴吗?"这主要反映青青 (　　)。

　　A. 思维的片面性　　　　　　B. 思维的拟人性

　　C. 思维的生动性　　　　　　D. 思维的表面性

　　7. 午餐时餐盘不小心掉到地上,看到这一幕的亮亮对老师说："盘子受伤了,它难过的哭了。"这说明亮亮的思维特点是 (　　)。

　　A. 自我中心　　　　　　　　B. 泛灵论

　　C. 不可逆　　　　　　　　　D. 不守恒

　　8. 下列表述中,与大班幼儿实物概念发展水平最接近的是 (　　)。

　　A. 理解本质特征　　　　　　B. 理解功能性特征

　　C. 理解表面特征　　　　　　D. 理解熟悉特征

　　9. 小红知道 9 颗花生吃掉 5 颗,还剩 4 颗,却算不出 9－5 等于几,这说明小红的思维具有 (　　)。

　　A. 具体形象性　　　　　　　B. 抽象逻辑性

　　C. 直观动作性　　　　　　　D. 不可逆性

　　10. 人类认识活动的中心是 (　　)。

　　A. 感觉　　　　　　　　　　B. 知觉

　　C. 想象　　　　　　　　　　D. 思维

　　11. 幼儿期,幼儿大量使用的判断是 (　　)。

　　A. 形式判断　　　　　　　　B. 客观判断

　　C. 直接判断　　　　　　　　D. 间接判断

## 二、简答题

　　茵茵已经上中班了,她知道把 2 个苹果和 3 个苹果加起来,就有 5 个苹果。但是问她 2 加 3 等于几,她就直摇头。

　　根据上述案例简述幼儿的思维特点以及对教育的启示。

## 三、材料分析题

### 情境一:

　　一天晚上,莉莉和妈妈散步时,有下列对话:

　　妈妈:月亮在动还是不动?

　　莉莉:我们动它就动。

　　妈妈:是什么使它动起来的呢?

莉莉：是我们。

妈妈：我们怎么使它动起来的呢？

莉莉：我们走路的时候它自己就走了。

### 情境二：

在幼儿园教学区活动中，老师给莉莉展示两排一样多的纽扣，莉莉认为一一对应排列的两排一样多。当老师把下面一排聚拢时，她就认为两排不一样多了。

1.莉莉的行为表明她处于思维发展的什么阶段？举例说明这个阶段思维的主要特征及表现。

2.幼儿这种思维特征对幼儿园教师的保教活动有什么启示？

### 【开放式问答】

幼儿园活动时，幼儿园大班的小明拿出一个手机进行炫耀。对此，你怎么看？

### 【德育角】

习近平总书记在中共中央政治局第五次集体学习时强调，强教必先强师。要把加强教师队伍建设作为建设教育强国最重要的基础工作来抓，大力培养造就一支师德高尚、业务精湛、结构合理、充满活力的高素质专业化教师队伍。对此，你是怎么理解的？

# 第十章

# 学前儿童的言语

## 场景呈现

乐乐四岁，上幼儿园中班，她生活在单亲家庭，母亲常年在外务工，她一直和年迈的外公外婆一起生活。由于乐乐与其他人交往较少，言语水平明显落后于同龄儿童。

思考：这反映了学前儿童言语发展的什么特点？

## 学习目标

1. 学前儿童言语的分类和作用；
2. 学前儿童言语的发生与发展；
3. 学前儿童言语能力的培养。

## 知识框架

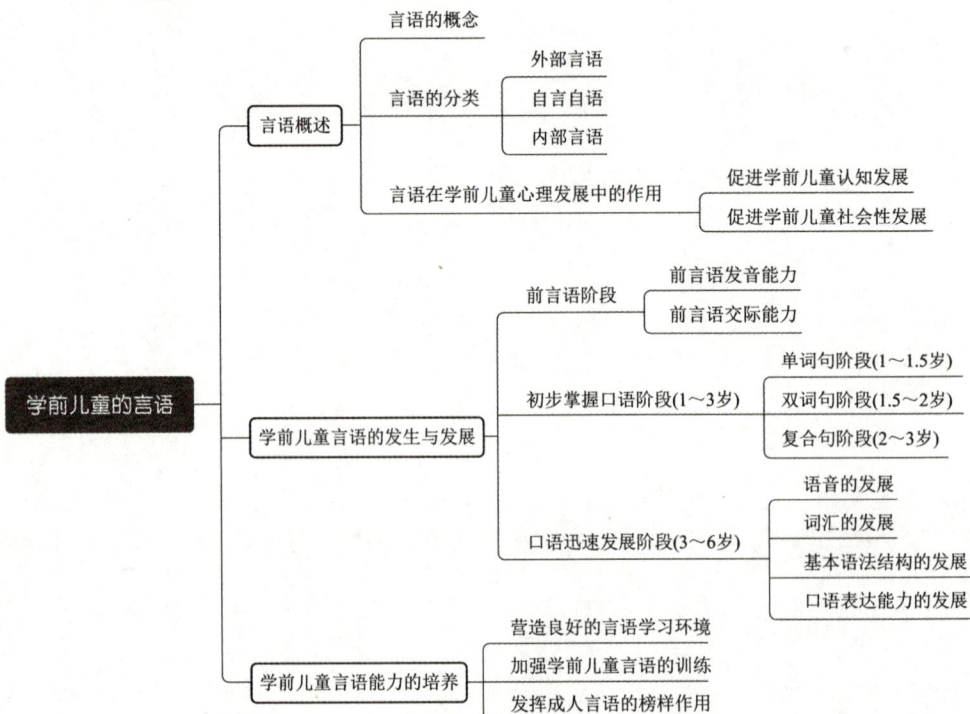

# 第一节　言语概述

## 一、言语的概念

言语是指人们运用语言材料和语言规则来表达想法和进行交际的过程。

语言是以词为基本构成单位，以语法为构造规则而组成的符号系统。

言语和语言密不可分，相辅相成。一方面，言语是依靠语言材料和语言规则进行的；另一方面，语言只有在言语交际的过程中才能发挥作用。

## 二、言语的分类

言语分成外部言语、自言自语、内部言语。

### （一）外部言语

外部言语可以分为口头言语和书面言语。

(1) 口头言语是指以听、说为传播方式的有声言语。口头言语不仅包括有"情境性"的对话言语，还包括说话者长时间独立进行的独白言语，如演讲。

(2) 书面言语是指个体运用书面文字来表达思想和情感的言语。学前儿童书面言语的掌握一般会经历早期识字、早期阅读和早期书写三个阶段。

【小试牛刀】

老师上课是独白言语吗？对话言语、独白言语各有什么特点？

解析：是，老师上课时是独白言语。独白言语是指说话者较长时间内独自进行的言语活动，又如报告、演讲等。对话言语是两个或更多的人之间进行交流时的言语活动，如聊天、座谈、讨论等。对话言语的特点是具有"情境性"，即交谈者的一些思想并不完全在言语中表达出来，而是辅之以表情、动作等非言语手段。独白言语和对话言语有所不同，独白言语没有交谈者的言语支持，独白之前往往需要作好准备。

### （二）自言自语

自言自语是指个体由外部言语向内部言语转化的一种过渡形态。它的特点是，一方面发出声音；另一方面，发出的声音不是用于交际，而是用于补充和丰富自己的行动，如游戏时的言语，或者当个体在遇到困难时发出的表示困惑、怀疑、惊奇等的声音。

### （三）内部言语

内部言语是指个体自问自答以及思考时的不出声的言语活动。内部言语具有内隐性、简缩性、片段性的特点。6岁是内部言语的形成时期。

【小试牛刀】

老师讲课的过程显然是外化的，那么同学们听课的过程是不是内化的？如何更好地外化与内化？

解析："教"主要是一种外化过程；而"学"主要是一种内化过程。"教"和"学"相互依存、相辅相成。教师在教学中要尊重学生的主体地位，以学生为中心，并发挥好引导作用。教师要善于运用直观的教具、丰富的言语帮助学生内化知识。

### 三、言语在学前儿童心理发展中的作用

研究表明，学前期是个体一生中言语发展最为迅速的时期，也是最重要的时期。言语对学前儿童的心理发展具有重要的意义，具体表现如下。

#### （一）促进学前儿童认知发展

口头言语中词汇量的增加及书面言语的丰富，可以扩大学前儿童的认知范围。通过言语活动，可以帮助学前儿童观察、记忆、思维，提高解决问题的能力，增强学前儿童的认知活动的调控力。言语活动促进了理解力、判断力、推理能力、问题解决能力的提高，进而提高了学前儿童的认知能力。

#### （二）促进学前儿童社会性发展

通过言语活动，可以帮助学前儿童与周围人进行交流，帮助学前儿童更好地收获交往中的协商、说服等技巧，提高社会交往能力。交往还能丰富学前儿童的道德认知、道德情感、道德行为，促进学前儿童道德和社会性的发展。

## 第二节  学前儿童言语的发生与发展

学前期是儿童掌握言语的重要时期，一般来说，1岁左右的儿童能够说出第一批真正能够被理解的词；0~1岁是言语发生的准备阶段，也叫作前言语阶段；1~3岁是学前儿童初步掌握口语阶段；3~6岁是口语迅速发展阶段。

### 一、前言语阶段

前言语阶段是婴儿言语获得过程中的语音敏感期。婴儿在这一阶段发展了两方面的能力，即前言语发音能力和前言语交际能力。

#### （一）前言语发音能力

婴儿前言语发音能力的发展大致要经历三个阶段。

### 1. 简单发音阶段 (1～3 个月 )

新生儿因呼吸而发声，哭是学前儿童最初的发音，这时候的哭是没有分化的。从新生儿的哭声中可以听出 ei、ou 的声音。2 个月以后，婴儿不哭时也开始发音，当成人引逗时，发音现象更明显，已能发出 ai、a、ei 等音。

### 2. 连续音节阶段 (4～8 个月 )

这一阶段，婴儿明显变得活跃起来。当吃饱、睡醒、感到舒适时，常常会自动发音。发出的声音中，不仅韵母增多、声母出现，而且连续重复同一音节，如 a-ba-ba、da-da-da 等，其中有些音节与词音很相似，如 ba-ba( 爸爸 )、ma-ma( 妈妈 ) 等，但是这些音节还不具有符号意义。

### 3. 学话萌芽阶段 (9～12 个月 )

这一阶段，学前儿童开始能模仿成人的语音，"mao-mao" ( 猫猫 )、"deng-deng" ( 凳凳 )。这标志着学前儿童学话的萌芽。在成人的教育下，学前儿童渐渐地将一定的语音和某个具体的事物联系起来，用一定的声音表示一定的意思。

### （二）前言语交际能力

婴儿前言语交际能力的发展大致要经历以下三个阶段。

### 1. 辨音阶段 (0～4 个月 )

出生不到 10 天的新生儿就能够区分言语语音和其他声音；几个月的婴儿还具有了语音范畴的知觉能力，能分辨两个语音范畴之间的差别 ( 如 "b" 和 "p" )，而对同一范畴之内的变异予以忽略。

### 2. 辨调阶段 (4～10 个月 )

处于这一阶段的学前儿童，可以从语音的音调、音长变化中感知到说话声音的社会意义，并且能从不同语调的话语中判断出交往对象的态度。

### 【经典实验】

给 9 个月的婴儿看 "狼" 和 "羊" 的图片。每当出示 "羊" 时，就用温柔的声音说 "羊，羊，这是小羊"，而出示 "狼" 时，就用凶狠的声音说 "狼，狼，这是老狼"。若干次以后，当实验者用温柔的声音说 "羊呢？羊在哪里？" 婴儿就会指画着羊的图片，反之亦然。这时，实验者突然改变说话的语调，用凶狠的声音说："羊呢？羊在哪里？" 婴儿毫不犹豫地指向画着狼的图片。

### 3. 辨义阶段 (10～18 个月 )

婴儿已经能够听懂成人的一些言语，10 个月左右，词语作为独立信号能引起婴儿的注意。这年龄阶段的婴儿说得少、说得不清楚，但他们 "懂得" 比较多，已经为正式使用语言与人交往作好了 "理解在先" 的准备。

## 二、初步掌握口语阶段（1～3岁）

一般来说，1岁左右的儿童能够说出第一批真正能够被理解的词，1～3岁是婴幼儿初步掌握口语阶段。这阶段婴幼儿听得多、说得少，理解多、表达少。这一时期，分成三个阶段，即单词句阶段（1～1.5岁）、双词句阶段（1.5～2岁）、复合句阶段（2～3岁）。

### （一）单词句阶段（1～1.5岁）

此期间学前儿童言语的发展主要反映在言语理解方面。同时，他们开始主动说出有一定意义的词。这一阶段学前儿童说出的词有以下特点。

#### 1.单音重叠

这一阶段的孩子喜欢说重叠的字音，如娃娃、饭饭、衣衣等，而且喜欢用象声词代替物体的名称，如把小狗叫作"汪汪"。

【小试牛刀】

把汽车叫作"滴滴"，把小狗叫作"汪汪"。如何看待这一现象？

参考答案：出现这一现象，是因为学前儿童的大脑发育尚不成熟，发音器官还缺乏锻炼。重复前一个音，属同一音节、同一声调，不用费力，容易发出。如果发出不同的音节，发音器官的部位（舌、唇等）就要变换动作，这对于1岁多的孩子来说，还是比较困难的事情。

#### 2.一词多义、以词代句

由于这个年龄的孩子对词的理解往往还不够精确，说出的词往往带有一词多义、以词代句的特点。

【小试牛刀】

孩子说出"拿"这个词，有时代表他要拿奶瓶，有时代表他要拿玩具，还有时代表他要拿别的孩子手里的食物。如何看待这一现象？

参考答案：以词带句。这个年龄阶段的孩子说出的词不仅有一词多义的特点，还会出现用一个词代表一个句子的现象。

### （二）双词句阶段（1.5～2岁）

1.5～2岁的婴幼儿能说出的词的数量大大增加了，能说出一些简单句，这种句子的表意功能虽较单词句明确，但其表现形式是断续、简略的，结构不完整、词序颠倒的，好像成人的电报式文件，故也称为"电报句"。例如，"妈妈抱抱""宝宝吃"。

### （三）复合句阶段（2～3岁）

2～3岁的学前儿童可以说出的句子仍然以简单句为准，但是复合句已经开始发展。这时期的复合句只是两个简单句的叠加，还不会使用连词。例如，"我不哭，我勇敢！""不要你，我自己吃！"

## 三、口语迅速发展阶段 (3～6 岁)

3 岁以后，学前儿童在语音、词汇、语法和语言表达能力等方面迅速发展，是学前儿童口语迅速发展的阶段。

### （一）语音的发展

4 岁时学前儿童基本能够掌握本民族全部语音。同时，学前儿童的语音意识开始形成，主要表现为：能够评价他人的发音特点；能够自觉调节自己的发音。

### （二）词汇的发展

学前儿童词汇的发展主要表现在词汇数量的增长、词类范围的扩大以及对词义理解的加深三个方面。

#### 1. 词汇数量的增长

学前期是人的一生中词汇数量增长最快的时期，1 岁左右，理解的词汇有几十个，能说出的很少；3～4 岁时的词汇量约为 1200 个；6 岁左右大约已能掌握 3000～4000 个词汇。由此可见，学前儿童到入学前，就已经能够掌握基本的口语词汇。

#### 2. 词类范围的扩大

学前儿童先掌握的是实词，然后是虚词。在实词中，学前儿童掌握的顺序是名词→动词→形容词。对其他实词如副词、代词、数词掌握得较晚。学前儿童对虚词如连词、助词、语气词等掌握得也较晚。在各类词中，学前儿童使用频率最高的是代词，其次是动词和名词。

#### 3. 词义理解的加深

(1) 从部分的、个别的语义向掌握全面的语义特征发展。学前儿童对词的最初理解是不全面的，只是掌握了词的部分、个别的语义，出现了理解词的"泛化"和"窄化"现象。随着年龄的增长，它们对词的理解逐渐向掌握词的全面语义发展。

(2) 从一个词的单义向多义发展。学前儿童最初只能掌握词的本义，不能理解词的转义，随着年龄的增长，学前儿童对词的理解逐渐由单义向多义发展。

### （三）基本语法结构的发展

语法结构是组词成句的基础，学前儿童要掌握语音，进行言语交际，必须先掌握语法结构。学前儿童语法结构的发展主要有以下特点。

#### 1. 从不完整句到完整句

2 岁前，幼儿使用的句子主要是不完整句；2 岁以后，完整句开始出现；到 6 岁时，儿童使用的绝大多数是完整句。

#### 2. 从简单句到复合句

2 岁左右，幼儿开始使用简单句；2.5 岁左右，儿童开始能说复合句。

### 3. 从无修饰句到修饰句

2.5 岁幼儿使用的句子中出现了一定数量的简单修饰语；4 岁起，有修饰语的语句开始占优势；6 岁时，有修饰语的句子比例已经达到 90% 以上。

### 4. 从陈述句到非陈述句

在整个学前阶段，陈述句是基本的句型，占全部语句的 2/3。随后其他非陈述句，如疑问句、否定句、祈使句、感叹句也开始发展起来。

### （四）口语表达能力的发展

随着词汇的丰富和语法结构的逐渐掌握，学前儿童的口语表达能力也逐步发展起来。整个学前期儿童的口语发展有以下趋势。

### 1. 从对话言语逐渐过渡到独白言语

3 岁以前儿童的言语基本上都是采取对话的形式，而且他们的言语往往只是回答成人提出的问题，或向成人提出一些问题和要求。

3 岁以后，由于独立性的发展，儿童常常离开成人进行各种活动，从而获得一些自己的经验、体会、印象等。因此，他们有必要向成人表达自己的各种体验和印象，这样，独白言语也逐渐发展起来了。

### 2. 从情境性言语过渡到连贯性言语

3 岁前的儿童只能进行对话，不能独白，他们的言语基本上都是情境性言语。这一阶段，他们能够独自向别人讲述一些事情，但句子很不完整，常常没头没尾，让听的人感到莫名其妙。例如，一个 3 岁的孩子向别人讲自己昨天晚上做的事时说："看到解放军了，在电影上，打仗，太勇敢了。妈妈带我去的，还有爸爸。"讲的时候好像别人已经了解他要讲的内容似的，一边讲，一边配合一些手势和表情。这种让别人边听、边看、边猜想当时情境才能懂的言语，就是情境性言语。

连贯性言语的特点是句子完整、前后连贯、逻辑性强，使听者仅仅凭言语本身就能完全理解讲话人所要讲的内容和想要表达的思想。

一般来说，随着学前儿童年龄的增长，情境性言语的比例逐渐下降，连贯性言语的比例逐渐上升。整个学前期都处于从情境性言语向连贯性言语过渡的时期。

### 【小试牛刀】

1. 天上有个日头，地上有块石头，嘴里有个舌头，手上有五个手指头。不管是天上的热日头，还是地上的硬石头、嘴里的软舌头、手上的手指头，不是热日头、硬石头、软舌头、手指头，反正都是练舌头。

2. 四和十，十和四，十四和四十，四十和十四。说好四和十得靠舌头和牙齿，谁说四十是"细席"，他的舌头没用力；谁说十四是"适时"，他的舌头没伸直。认真学，常练习，十四、四十、四十四。

## 第三节　学前儿童言语能力的培养

学前阶段是学前儿童言语能力发展的关键时期，教师和家长应该如何培养和提高学前儿童的言语能力呢？

### 一、营造良好的言语学习环境

学前儿童言语的发展离不开言语学习环境，成人要带领学前儿童多接触自然环境，充分利用学前儿童周围的环境，引导学前儿童多观察周围事物，为学前儿童提供说话的机会和材料，丰富言语发展的感性经验，鼓励学前儿童将动手、动脑与动口结合起来。

倾听是言语发展的先决条件，要有意识地引导学前儿童听儿歌、故事、童谣、乐器的声音、自然界的声音等。借助多样化的倾听环境，让学前儿童进行模仿，为学前儿童口头言语的发展奠定基础。

尽可能营造学前儿童言语交流的社会环境，增加学前儿童与成人之间以及学前儿童与同伴之间的交往，鼓励学前儿童在交往中自然进行听说练习，提高言语表达能力。成人要创设自由、轻松的谈话环境，鼓励学前儿童大胆表达、无拘无束地说话，这是促进学前儿童言语发展的重要手段。

### 二、加强学前儿童言语的训练

对学前儿童进行有计划的言语训练非常重要。幼儿园可以通过言语教学来发展学前儿童言语表达能力。根据《幼儿园教育指导纲要（试行）》中的语言领域目标，对于小班幼儿可以开展谈话活动，学习不同时段的不同问候语；对于中班幼儿可以开展讲述活动，学习观察图片、理解图片、根据图片内容自由表达；对于大班幼儿可以用童话教学，让他们欣赏故事、理解故事、复述故事等。教学中，教师应该要求学前儿童发音正确，用词恰当，句子完整，表达清楚、连贯，并及时进行反馈和评价。

此外，每日生活中存在大量的激发学前儿童言语积极性的教育机会，教师应积极地将言语活动贯穿其中。

家长应支持幼儿园的工作，形成合力，协同配合，共同促进学前儿童言语能力的发展。

成人要把握言语训练的时间，言语训练的时间不要过长，以免让学前儿童产生倦怠感，时间太久也容易让孩子注意力不集中。每次训练的时长最好控制在 10～20 分钟。

### 三、发挥成人言语的榜样作用

学前儿童喜欢模仿，也善于模仿，模仿是学前儿童学习口语的重要方法。家长和教师说话时发音是否正确、词汇是否丰富、语法是否规范、表达是否有条理，都会潜移默化地影响学前儿童言语的发展。所以，要提高学前儿童言语能力，教师和家长必须注意自身的语言修养，为学前儿童展示规范言语。不要去强化学前儿童不规范的语音和语句，也不要用"娃娃腔"对孩子说话。教师必须有意识地引导学前儿童模仿自己的规范言语。

家长和教师要发挥榜样作用，善于利用各种材料，采用游戏手段，帮助学前儿童掌握新词，扩大词汇量，耐心倾听学前儿童说话，鼓励学前儿童多说话，促进学前儿童语言交流能力的发展。

## 本章考点

### 1. 名词解释

(1) 言语 / 语言；(2) 外部言语 / 自言自语 / 内部言语。

### 2. 简答

(1) 言语的作用有哪些？
(2) 简述学前儿童言语的发展阶段及特点。
(3) 如何培养学前儿童的言语能力？

## 课后习题

### 一、单选题

1. 学前儿童语音形成的现实条件是 (    )。
A. 环境
B. 遗传素质
C. 语音模仿
D. 语音强化

2. 学前儿童学习语言的关键期是 (    )。
A. 0～1 岁
B. 1～3 岁
C. 3～6 岁
D. 5～6 岁

3. 冬冬边玩魔方边自己小声嘀咕："转一下这面试试，再转这面呢？"这种语言被称为 (    )。
A. 角色言语
B. 对话言语
C. 内部言语
D. 自言自语

4. 下列属于幼儿园言语教育目标的是 (    )。
A. 能认读拼音字母
B. 能清楚地说出自己想说的事
C. 能认读一定量的汉字
D. 能正确书写常用汉字

5. 1.5～2 岁婴幼儿使用的句子主要是 (    )。
A. 单词句
B. 电报句
C. 完整句
D. 复合句

6. 一名从未见过飞机的学前儿童，看到蓝天上正飞过的一架飞机说："看，一只很大的鸟！"从言语发展的角度来看，这一现象反映的特点是（ ）。

A. 过度规范化　　　　　B. 扩展不足

C. 过度泛化　　　　　　D. 电报句式

7. 1.5岁的婴幼儿想给妈妈吃饼干时，会说："妈妈""饼""吃"，并把饼干递过去，这表明婴幼儿言语发展的阶段是（ ）。

A. 电报句　　　　　　　B. 完整句

C. 单词句　　　　　　　D. 简单句

8. 一名4岁的学前儿童听到教师说"一滴水，不起眼"，他理解成了"一滴水，肚脐眼"。这一现象主要说明学前儿童（ ）。

A. 听觉辨别力较弱　　　　B. 想象力非常丰富

C. 语言理解凭借自己的具体经验　D. 理解语言具有随意性

9. 2～6岁的学前儿童掌握的词汇数量迅速增加，其掌握的先后顺序通常是（ ）。

A. 动词、名词、形容词　　　B. 动词、形容词、名词

C. 名词、动词、形容词　　　D. 形容词、动词、名词

## 二、简答题

简述《幼儿园教育指导纲要（试行）》中语言教育的指导要点。

## 三、论述题

试论述学前儿童言语教育的途径。

### 【开放式问答】

顺顺语言能力发展缓慢，明显落后于其他学前儿童，但是妈妈认为他没问题。对此，你怎么看？

### 【德育角】

中共中央总书记、国家主席、中央军委主席习近平考察清华大学时表示，美术、艺术、科学、技术相辅相成、相互促进、相得益彰，要发挥美术在服务经济社会发展中的重要作用，把更多美术元素、艺术元素应用到城乡规划建设中，增强城乡审美韵味、文化品位，把美术成果更好服务于人民群众的高品质生活需求。

# 第十一章

# 学前儿童的情绪与情感

## 场景呈现

在一次语言活动中，老师给小朋友讲《小狐狸的枪和炮》的故事，当讲到小狐狸拿出一杆枪马上就要向小黄狗开枪时，教师停了下来。就在这个时候，依琳带着哭腔说："小狐狸太残忍啦，小黄狗就要死掉啦，怎么能救救他？"班级里的其他孩子也开始同情小黄狗，有些感伤。"那我们一起往下面看看，到底发生了什么？"原来小狐狸是给大家分享糖果，那不是真正的手枪，而是会打出糖果的枪。小朋友也因为故事的结局，从伤心变成了开心。

思考：为什么幼儿的情绪瞬间就会发生改变？为什么幼儿的情绪前后差距如此之大？幼儿的情绪有什么特点？

## 学习目标

1. 了解情绪在幼儿心理发展中的作用；
2. 掌握幼儿情绪和情感的特点与发展趋势；
3. 能够根据幼儿情绪、情感发展的特点与规律，科学组织教育教学活动。

## 知识框架

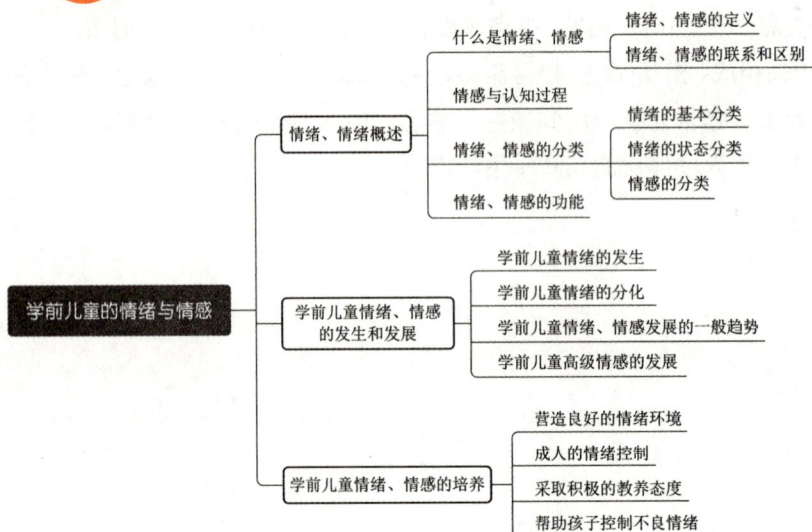

## 第一节　情绪、情感概述

### 一、什么是情绪、情感

#### （一）情绪、情感的定义

情绪和情感是人的主观体验，即人对自己心理状态的自我感觉。情感的产生以需要为中介，人对客观事物采取什么态度，决定于该事物是否能够满足人的需要。情绪、情感体验分为积极体验和消极体验两大类。

当客观事物符合人的各种需要时，引起人产生相应的积极的态度体验，如愉快、欣喜、欢乐、尊敬和爱等；当客观事物不符合人的各种需要时，就会产生消极、否定的情绪、情感，引起消极的态度体验，如不愉快、恐惧、愤怒、悲伤、恨等，由此可见，情绪、情感是客观事物是否符合人的需要而产生的态度体验。主体不同，每一个人的情绪体验就不一样，由此产生的心情也就不同。

#### （二）情绪、情感的联系和区别

##### 1. 联系

情绪、情感都是人脑对客观事物与人的需要之间关系的反映，都是人的主观体验，统称为感情，二者是不可分割的心理过程。

一方面，情感是在情绪的基础上形成，且通过情绪的形式表现出来的；另一方面，情绪要受到情感的制约和调节，情感的深度决定情绪表现的强度，同时，情感的性质也决定情绪表现的形式。因此，情绪是情感的外部表现，情感是情绪的本质内容。

例如，成语"爱屋及乌""日久生情"；再比如，当人们从事自己喜欢的工作时，会感到心情愉悦，而当工作过程中出现差错时，情绪则容易产生波动。

##### 2. 区别

一般情况下，情绪与情感是时刻地联系在一起的统一体，尽管如此，二者仍存在一定的差异，体现在以下几个方面。

(1) 从需要的角度看差异。情绪一般与人的较低级的需求即生理性需要相联系，而情感往往与人的高级需求即社会性需要相联系。例如，婴儿饥渴或身体不舒适时就会有"哭"的情绪体验，吃过奶会做出"笑"的情绪体验。以后随着年龄的增长和社会化的进展，会产生对父母、对祖国爱的情感，并形成理智感、道德感和美感等高级情感体验。

(2) 从发生早晚的角度看差异。情绪发生得早，而情感产生得晚，两者有着先后之分。

（3）从反映特点看差异。情绪是主要从当时的情况好与坏来下结论，所表现的心境反映为面部表情；情感所体现出来的特性是带有一种稳定性、持久性、深刻性、内隐性的效果。

## 二、情感与认知过程

### 1. 认知是情感产生的基础

人对客观事物的认识越全面、越深刻，产生的情感也就越丰富、越深厚。学生对我们祖国和中华民族了解得越多、理解得越深刻，爱国主义情感就越深切。所谓"知之深，爱之切"，就说明了认知是情感的基础。

### 2. 情感影响认知过程

一般来说，积极的情感是认知活动的动力，它能够推动并促进人们以顽强的毅力去认识事物，提高活动效率；消极的情感是认知活动的阻力，它会阻碍人们认知活动的积极性，降低认识活动的效率和水平。

## 三、情绪、情感的分类

### （一）情绪的基本分类

《礼记》中对人的情绪有"七情"分法：喜、怒、哀、惧、爱、恶、欲；美国心理学家普拉切克将人的基本情绪区分为八种，即恐惧、惊讶、悲痛、厌恶、愤怒、期待、快乐和接受；近代的研究中，常把快乐、愤怒、悲哀、恐惧列为情绪的基本形式。

### （二）情绪的状态分类

按照情绪发生的强度和持续时间的长短，情绪可以划分为心境、激情和应激三种情绪状态。

#### 1. 心境

心境是一种微弱、平静而持久的情绪状态，也叫心情。心境产生的原因是多方面的，既有客观原因，也有主观原因。例如，人所处的经济地位和社会地位、对人有重要意义的事件、人际关系、健康状况、自然环境等方面的因素都会影响人的心境。

心境对人的生活活动有很大的影响。积极、良好的心境有助于提高效率、克服困难；消极、不良的心境使人厌烦、消沉。可以说，心境是一种生活的常态，保持一种积极向上、健康乐观的心境对每个人都有重要意义。

#### 2. 激情

激情是一种强烈的、短暂的、失去自我控制力的情绪状态，如狂喜、暴怒、绝望、惊厥等。引起激情的原因主要有两个方面：一是强烈的欲望；二是明显的刺激。

激情具有冲动性，发生时强度很大，它使人体内部突然发生剧烈的生理变化，有明显的外部表现，如暴怒、惊恐、狂喜、悲痛、绝望。

激情既有积极影响，也有消极影响。一方面，激情可以激发人的内在力量，形成极大动力，如战士在战场上冲锋陷阵，一往无前；运动员在报效祖国的激情感染下，敢于拼搏、勇夺金牌；另一方面，激情也有很大的破坏性和危害性，如青少年在激情之下，容易一时冲动，酿成大错。

因而，在生活中要适当控制激情，发挥其积极作用。

### 3. 应激

应激是出乎意料的紧急情况下所引起的高度紧张的情绪状态，它是人们对某种意外的环境刺激做出的适应性反应，应激常伴随明显的生理反应。

应激通常是由突发事件引发的，如路上行车时，前面车辆突然刹车，我们急踩刹车；上课走神时，老师突然点名回答问题；也有由非突发事件引发的，如新老师第一次登台上示范课，虽然不是突发的，但是也会产生一种极度紧张的状态。应激的产生与人面临的情境以及人对自己能力的估计有关。

此外，个体在应激状态下的反应有积极和消极之分。积极的反应表现为"急中生智"，全力以赴、排除万难，做出平时几乎不可能做到的事情；消极的反应表现为惊慌失措、一筹莫展、意识狭窄，处理事情的能力水平大幅下降。

应激反应既同个人的能力和素质有关，也同平时的训练和经验积累有关，故可通过后天训练加以改善。

### （三）情感的分类

#### 1. 道德感

道德感是根据一定的道德标准去评价人的思想、意图、言语和行为时产生的情感体验。道德属于社会历史范畴，不同时代、不同民族、不同阶级有着不同的道德评价标准。

人在社会生活中能够将掌握的社会道德标准转化为自己的道德需要。当人们用自己掌握的道德标准去评价自己或别人的思想、言论、行为时，认为符合道德需要，就会产生肯定性的情感；如果认为不符合道德需要，就会产生否定性的情感。

#### 2. 理智感

理智感是人在智力活动过程中，对认识活动成就进行评价时产生的情感体验。例如，人们在探索真理时产生求知欲，了解认识未知事物时有兴趣和好奇心；在解决疑难问题时出现迟疑、惊讶和焦躁，问题解决后产生强烈的喜悦和快慰；在评价事物时坚持己见，为真理献身时感到幸福与自豪；由于违背和歪曲了事实真相而感到羞愧，这些都属于理智感的范畴。

#### 3. 美感

美感是人们根据一定的审美标准评价事物的美与丑时产生的情感体验。审美标准是美感产生的关键，客观事物中凡是符合个人审美标准的东西，都能引起美感体验，审美时个体的心情是自由的、愉快的、轻松的。

人的审美标准既反映事物的客观属性，又受个体的思想观点和价值观念的影响，因此，不同的文化背景、民族、阶层的人，对事物美的评价既有共同的地方，也有不同的地方。

此外，美感同道德感也是密切联系的。

## 四、情绪、情感的功能

### 1. 适应功能

对人类来说，婴儿早期与成人的交流主要依靠情绪传递信息。人们通过各种情绪、情感了解自身或他人的处境与状况，从而适应社会的需要，以求得更好的生存和发展。

### 2. 动机功能

情绪、情感对人的行为具有推动或抑制作用，如适度的紧张和焦虑能促使人们积极地思考和解决问题，恐惧会使人产生退缩行为，愤怒会使人产生攻击行为等。

### 3. 组织功能

积极情绪具有协调、组织作用，消极情绪具有破坏、瓦解作用。有研究表明，中等强度的愉快情绪有利于提高认知活动的效果，而消极的情绪，如恐惧、痛苦等会对操作效果产生负面影响。消极情绪的激活水平越高，操作效果越差。

### 4. 信号功能

这种功能是通过情绪的外部表现即表情实现的，如面部表情、身段表情和言语表情等。从信息交流的发生上看，表情的交流比言语的交流要早得多。如在前言语阶段，婴儿与成人交流的唯一手段就是情绪。

### 5. 保健功能

积极的情绪、情感有助于人体内部的调和与保养，消极的情绪、情感则会损伤人体内部的调和与保养。

### 【小试牛刀】

马斯洛认为学生有爱、归属和尊重的需要，当这些需要得到满足时，学生便会产生积极的情绪、情感，如开心、自信、乐观等，不仅会推动学生积极、努力、刻苦地去学习，而且还会提高学习的效率以及改善人际关系等；反之，学生则会产生消极的情绪、情感，如伤心、难过等，这些消极的情绪会阻碍其学习，使学生失去学习的动力，降低学习的效率与效果。因此，教师在教学中要重视情绪、情感的动机功能和组织功能对学生学习效果的影响。

## 第二节　学前儿童情绪、情感的发生和发展

### 一、学前儿童情绪的发生

#### 1. 原始的、本能的情绪反应

研究普遍表明，新生儿出生后就有情绪，如或哭，或安静，或四肢舞动等，可以称为原始的情绪反应，这种情绪反应与生理需要是否得到满足有直接关系。

#### 2. 原始情绪的种类

行为主义的创始人华生 (1919) 根据对 500 多名婴儿的观察提出，新生儿有三种主要情绪，即怕、怒和爱。华生还详细描述了这些情绪产生的原因和表现。

(1) 怕。华生认为新生婴儿的怕是由于大声和失持引起的。当婴儿安静地躺着时，在其头部附近敲击钢条，会立即引起他的惊跳、肌肉猛缩，继之以哭；当身体突然失去支持，或身体下面的毯子被人猛抖，婴儿会发抖、大哭、呼吸急促、双手乱抓。

(2) 怒。怒是由于限制儿童运动引起的。如，用毯子把孩子紧紧地裹住，不准活动，婴儿会发怒，他把身体挺直，或手脚乱蹬。

(3) 爱。爱由抚摸、轻拍或触及身体敏感区域产生。如抚摸婴儿的皮肤，或是柔和地轻拍他，或是展开手指、脚趾，会使婴儿安静，产生一种广泛的松弛反应。

【知识拓展】

#### 关于儿童情绪发展的实验研究

华生以阿尔伯特为实验对象，通过条件反射法，研究其惧怕情绪的发展。该实验法被心理学界公认为儿童情绪发展的一个经典实验法。

阿尔伯特参加实验的年龄为 7 个月，实验结束时他的年龄为 11 个月。在第一次实验时，华生给他一个小白鼠，他没有表现出惧怕反应。正当他伸手去摸白鼠时，他背后突然出现刺耳的声音。他吓了一跳，并把脸躲进被子里边。当阿尔伯特第二次看见白鼠时，想再伸手去摸它，刚一伸手，又听到一个大的刺耳声音，他吓了一跳，并开始哭泣。

为了不过分伤害幼儿的健康，实验停止一周。

一周后，这个白鼠再出现时，虽然没有了刺耳的声音，但阿尔伯特已不敢接近它了。再往后，当给阿尔伯特一个小白兔时，他也会哭泣。

为了消除惧怕情绪，华生首创了系统脱敏法，这是目前还在使用的行为矫正方法。需要指出的是，虽然华生的实验研究很成功，实验结果也很能说明问题，但是华生以阿尔伯特为实验对象进行惧怕实验，与心理学研究的伦理性原则相违背，受到了许多批评。

## 二、学前儿童情绪的分化

初生婴儿的情绪是笼统不分化的，随着年龄的增长，在机体逐渐成熟和后天环境的作用下，婴儿情绪的发展逐渐开始分化开来。一般而言，1岁以后逐渐分化，2岁左右已经出现各种基本情绪。

### 1. 林传鼎的情绪分化理论

我国心理学家林传鼎认为儿童情绪分化的过程可以分为以下三个阶段。

1) 泛化阶段（0～1岁）

这一阶段婴儿的情绪反应比较笼统，而且往往是生理需要引起的情绪占优势。

0.5～3个月，出现了6种情绪：欲求、喜悦、厌恶、忿急、烦闷、惊骇。但这些情绪不是高度分化的，只是在愉快与不愉快的基础上增加了一些面部表情。4～6个月，开始出现由社会性需要引起的喜欢、愤激。

2) 分化阶段（1～5岁）

这一阶段儿童情绪开始多样化，从3岁开始，陆续产生了同情、尊重、爱等20多种情感，同时一些高级情感开始萌芽，如道德感、美感。

3) 系统化阶段（5岁以后）

这一阶段的基本特征是情绪生活的高度社会化。这个时期道德感、美感、理智感等多种高级情绪达到一定水平，有关世界观形成的情绪初步建立。

### 2. 伊扎德的情绪动机分化理论

伊扎德是当代国际著名的情绪发展研究专家。他关于婴儿情绪发展的研究及据此提出的情绪分化理论，在当代情绪研究中有很大的影响。伊扎德认为：婴儿出生时具有五大情绪：惊奇、痛苦、厌恶、最初步的微笑和兴趣；4～6周时，出现社会性微笑；3～4月时，出现愤怒、悲伤；5～7月时，出现惧怕；6～8月时，出现害羞；0.5～1岁，出现依恋、分离伤心、陌生人恐惧；1.5岁左右，出现羞愧、自豪、骄傲、操作焦虑、内疚和同情等。

## 三、学前儿童情绪、情感发展的一般趋势

### 1. 情绪、情感的社会化

儿童最初出现的情绪是与生理需要相联系的，随着年龄的增长，情绪逐渐与社会性需要相联系。社会化成为学前儿童情绪、情感发展的一个主要趋势。

1) 引起情绪反应的社会性动因不断增加

所谓情绪动因是指引起儿童情绪反应的原因。在3岁前婴儿情绪反应动因中，生理需要是否满足是其主要动因。

3～4岁幼儿，情绪动因处于从主要为满足生理需要向主要为满足社会性需要的过渡阶段。比如，小班幼儿非常喜欢身体接触，愿意老师牵着他的手，让老师亲一亲、摸一摸；中大班幼儿的社会性需要的比例越来越大，幼儿非常希望被人注意，被重视、关爱，要求

与别人交往，且这种社会性需要是否得到满足，会直接影响到幼儿情绪。

2) 情绪中社会性交往的成分不断增加

研究发现，学前儿童交往中的微笑可以分为三类：第一类，儿童自己玩得高兴时的微笑；第二类，儿童对教师微笑；第三类，儿童对小朋友微笑。这三类中，第一类不是社会性情感的表现，后两类则是社会性情感的表现。研究还获取了 1 岁半和 3 岁儿童三类微笑的次数，见表 11-1。

表 11-1　1 岁半和 3 岁儿童三类微笑的比较

| 年龄 | 类型 | | | | | | 总数 | |
| --- | --- | --- | --- | --- | --- | --- | --- | --- |
| | 自己笑 | | 对教师笑 | | 对小朋友笑 | | | |
| | 次数 | % | 次数 | % | 次数 | % | 次数 | % |
| 1.5 岁 | 67 | 55.30 | 47 | 38.84 | 7 | 5.79 | 121 | 100 |
| 3 岁 | 117 | 15.62 | 334 | 44.59 | 298 | 39.79 | 79 | 100 |

从上表中可以看出，幼儿从 1 岁半到 3 岁，非社会性交往微笑的比例下降，社会性微笑的比例则不断增长。

3) 情感表达的社会化

儿童在成长过程中，逐渐掌握周围人的表情手段，表情日益社会化。表情的表达方式包括面部表情、肢体语言和言语表情。研究表明，4~8 岁幼儿情绪交往的手段也在发生变化，4 岁幼儿主要依靠眼色作为交往手段，而 8 岁幼儿则以语言为主要交往手段。

儿童表情社会化的发展主要包括两个方面：一是理解（辨别）面部表情的能力，二是运用社会化表情手段的能力。一般而言，辨别表情的能力高于运用表情的能力。

**2. 情绪、情感的丰富和深刻化**

从情绪所指向的事物来看，其发展趋势是越来越丰富和深刻。

1) 丰富化

所谓情绪的日益丰富，可以说包括两种含义。其一，情绪过程越来越分化。其二是情绪所指向的事物不断增加。

(1) 情绪过程越来越分化。这一点在前面的情绪的分化中已经涉及，刚出生的婴儿只有少数的几种情绪，随着年龄的增长不断分化、增加。2 岁前是情绪分化主要时期，学前期继续出现一些高级情感，如友谊、尊敬、集体荣誉感等。

(2) 情感指向的事物不断增加。有些先前不会引起儿童情感体验的事物，随着年龄的增长，引起了情感体验。例如，亲密的情感。首先是对父母或经常照顾他的其他人，然后是对家中其他成员有了亲密的情感。进入托儿所或幼儿园以后，先是对老师，然后是对小朋友有了亲密的情感。这种情感的范围也是逐渐扩大的。

2) 深刻化

所谓情感的深刻化是指指向事物的性质的变化，从指向事物的表面到指向事物更内在的特点。如，年幼儿童对父母的依恋，主要由于父母是满足他的基本生活需要的来源，而年长儿童则已包含对父母的尊重和爱戴等内容。幼儿高级情感的发展是深刻化的集中表现。

### 3. 情绪、情感的自我调节化

#### 1) 情绪的冲动性逐渐减少

幼儿常常处于激动的情绪状态。在日常生活中，幼儿往往由于某种外来刺激的出现而非常兴奋，情绪冲动强烈。儿童的情绪冲动性还常常表现为他用过激的动作和行为反映自己的情绪。

随着幼儿大脑的发育及语言的发展，情绪的冲动性逐渐减少。成人经常不断的教育和要求，以及幼儿所参加的集体活动和集体生活的要求，都有利于幼儿逐渐养成控制自己情绪的能力，减少冲动性。

#### 2) 情绪的稳定性逐渐提高

幼儿的情绪是非常不稳定且短暂的。随着年龄的增长，情绪的稳定性逐渐提高，但是，总的来说，幼儿的情绪仍然是不稳定、易变化的。幼儿的情绪不稳定与以下两个因素有关。

(1) 情境性。幼儿的情绪常常被外界情境所支配，某种情绪往往随着某种情境的出现而产生，又随着情境的变化而消失。

例如，新入园的幼儿，看着妈妈离去时，会伤心地哭，但妈妈的背影消失后，经老师引导，很快就愉快地玩起来；当妈妈从门口再次出现时，又会引起幼儿的情绪波动。

(2) 易感性。幼儿情绪非常容易受周围人情绪的影响。如，新入托的幼儿，看见别的小朋友哭，也容易跟着哭；看到老师生气了，幼儿也会跟着生气。

幼儿晚期情绪比较稳定，情境性和受感染性逐渐减少，这时期幼儿的情绪较少受一般人感染，但仍然容易受亲近的人，如家长和教师的感染。因此，父母和教师在幼儿面前必须注意控制自己的不良情绪。

#### 3) 情绪、情感从外显性到内隐性

婴儿期和幼儿初期的儿童，情绪完全表露于外，丝毫不加以控制和掩饰。随着言语和幼儿心理活动有意性的发展，幼儿逐渐能够调节自己的情绪及其外部表现。儿童调节情绪的外部表现的能力的发展比调节情绪本身的能力发展得早。

同时，幼儿晚期，其情绪已经开始有内隐性，这就要求成人细心观察和了解其内心的情绪体验。

#### 4) 幼儿情绪调控的手段

情绪调节策略指的是个体在情绪调节的过程中所采取的具体策略。幼儿情绪调节策略通常被划分为积极情绪调节策略和消极情绪调节策略。积极情绪调节策略包括认知重建、问题解决、寻求支持、替代活动等，能够帮助个体适应环境的策略；消极情绪调节策略包括被动应付、情绪发泄、攻击行为等，这些策略不利于个体身心发展和同伴关系。

幼儿教师要特别注意识别幼儿在情绪调节中出现的消极调节策略，如情绪发泄、攻击

行为等，需要及时给予幼儿安抚和支持。

## 四、学前儿童高级情感的发展

### 1. 道德感

道德感是由自己或别人的举止是否符合社会道德标准而引起的情感。

学前期幼儿只有某些道德感的萌芽。如1岁表现出简单的同情感，看见别的孩子哭或笑，会引发相应的行为，这就是"情感共鸣"，也叫"移情"。幼儿生活中体现出很多纯真的移情，如对花草动物的爱护、对同伴情绪的呼应等，这些行为有助于幼儿形成亲社会行为，同时也是高级情感活动产生和发展的基础。

幼儿在2~3岁有了简单的道德感，3岁后，通过幼儿园的集体生活掌握各种行为规范，道德感逐渐发展起来。

小班幼儿的道德感主要是指向个别行为，往往是由成人的评价引起的；中班幼儿比较明显地掌握了一些概括化的道德标准，不但关心自己的行为是否符合道德标准，而且开始关心别人的行为是否符合道德标准，由此产生相应的情感。如中班幼儿的"告状"行为。

大班幼儿的道德感进一步发展和复杂化，已经有了一定的稳定性。他们对好与坏，好人与坏人，有鲜明的不同感情。随着自我意识和人际交往的发展，幼儿的自豪感、羞愧感和委屈感、友谊感和同情感，以及妒忌的情绪等，也都发展起来了。

### 2. 理智感

对一般儿童来说，5岁左右，这种情感明显地发展起来，幼儿喜爱进行各种智力游戏，或者动脑筋、解决问题的活动，如下棋、猜谜语、拼搭大型建筑物等，这些活动既能满足他们的求知欲和好奇心，又有助于促进理智感的发展。

幼儿理智感的发生，很大程度上取决于环境的影响和成人的培养。

### 3. 美感

儿童对美的体验，也有一个逐步发展的过程。婴儿从小喜欢鲜艳悦目的东西，以及整齐清洁的环境。有研究表明，新生儿已经倾向于注视端正的人脸，他们喜欢有图案的纸板多于纯灰色的纸板。

在环境和教育的影响下，幼儿逐渐形成审美的标准，如对拖着鼻涕的样子感到厌恶、喜欢整齐摆放的衣物等。同时，他们也能够从音乐、舞蹈等艺术活动和美术作品、活动中体验到美，而且对美的评价标准也日渐提高，从而促进了美感的发展。

### 【小试牛刀】

分析下列案例中幼儿心理表现，你认为他们分别属于哪一类高级情感？有什么特点？

(1) 在中班，孩子出现较多的"告状行为"。例如，"老师，强强又打佳佳了。""老师，明明推了我一下。"

(2) 以下是一位母亲与3岁半儿子的对话，妈妈问："天天，这几天在幼儿园有什么进步?"儿子回答:"王老师说了,我开始会自己穿衣服了。"妈妈继续问:"还有哪些进步?"儿子说:"王老师说了,我越来越有礼貌了。""王老师说了,我吃饭不挑食了。"

(3) 一个 5 岁的幼儿常常喜欢拆卸玩具,拆了又拼,拼了又拆。

## 第三节    学前儿童情绪、情感的培养

### 一、营造良好的情绪环境

儿童的情绪易受周围环境气氛的感染。别人的情绪状态使他们在无意中受到影响,可以说,儿童情绪发展主要依靠周围情绪气氛的熏陶。首先要保持和谐的气氛,在家庭中要布置一个有利于情绪放松的环境,避免脏乱、嘈杂,成人之间要互敬互爱,并努力避免剧烈的冲突;其次要建立良好的亲子情和师生情,正确对待幼儿的依恋,分离焦虑或不能从亲人那里得到爱的满足可能导致儿童情绪发展的障碍,其不良影响甚至会延伸到日后的发展。

此外,学前儿童需要得到教师较多的注意、具体接触和关爱,特别是教师对幼儿的理解和尊重。例如,幼儿园小班的幼儿,很愿意搂着老师,让老师摸摸头、亲一亲。有位老师规定:谁做得好,就让他多骑一次"大马"(骑在老师的腿上)。小班儿童很喜欢争得这种奖励,而大班儿童更多注意老师对自己的态度。

### 二、成人的情绪自控

成人愉快的情绪对孩子的情绪培养能起到良好的示范和感染作用。成人要善于控制自己的情绪,家长喜怒无常,容易使孩子也无所适从,情绪不稳定。

### 三、采取积极的教养态度

对儿童情绪的引导,要肯定为主,多鼓励进步,同时,耐心倾听孩子说话。

此外,要正确运用暗示和强化。儿童的情绪在很大程度上受成人的暗示。例如,有位家长在外人面前总是对自己的孩子加以肯定,说:"我们小妹摔倒了从来不哭。"她的孩子果真能控制自己的情绪。另一位家长则常常对别人说:"我们的孩子就是爱哭。""他就是胆小。"这些暗示,就容易使孩子养成消极情绪。

### 四、帮助孩子控制不良情绪

#### 1. 成人可以使用的策略

幼儿不会控制自己的情绪,成人可以用各种方法帮助他们控制情绪。

**1) 接纳孩子的消极情绪**

当幼儿出现消极、哭闹情绪时，成人不能一味地斥责或简单地制止，不要说："不要哭了，哭是没有用的，你瞧，哭多丑啊！""又生气了啊！一天到晚只会生气，简直就是个生气包。"当幼儿害怕、恐惧时，成人也不要说："这有什么好怕的，真是个胆小鬼！""好孩子要坚强，不许哭。"这些回应，只会让幼儿情绪更加低落，或者慢慢地隐藏自己的情绪，或者开始怀疑、否定自己的感觉和判断，变得无助。

不可否认，积极的情绪体验可以使幼儿身心愉悦，促进健康成长，然而，消极的情绪体验是幼儿面对冲突、挫折等情况的一种反应，可以促使幼儿不断改进，重新思考和行动。幼儿有感受不同情绪的权利，过多地抑制幼儿的消极情绪，有可能增强他们的恐惧、不安和愤怒。因此，对于幼儿的消极情绪，教师和家长要将此作为教导幼儿的契机，真诚地接纳、认可它。

**2) 做好事前沟通与事后复盘**

儿童情绪不稳定，有时候还来自对未知的、不可控因素的恐慌。比如，家长在未提前告知孩子的情况下，突然带孩子去一个陌生的地方或者去见一个陌生人，又或者要面对一件本来不喜欢的事情，这个时候儿童内心往往是无措且抗拒的。这种情况下，家长首先要在事前告知孩子要去的地方，以及要见的人和要做的事，一般儿童有了心理准备，就会大大减少临场情绪爆发的可能。其次，当一些事情已经发生了并且从中孩子收获了或积极或消极的情绪时，可以在事后与孩子进行沟通，说明事情发生的前因后果，这个时候家长和孩子情绪都已经稳定下来，双方沟通容易取得好的效果，并且可以让儿童从中获取更多认知。

**2. 学前儿童可以使用的策略**

由于儿童生理发展的特点，很多时候儿童有自我控制的意识，却不知道如何控制好自己的情绪，这时候就需要成人教孩子一些必要的情绪控制策略。

**1) 注意转移法**

注意转移法是指通过让儿童选择从事自己感兴趣的、较为轻松和有趣的活动，把幼儿从不良情绪事件中转移出来。这个时候，通过给予儿童两个及以上的选择，让儿童在挑选的过程中，获得注意力的转移。如幼儿哭闹时，家长可以说："等下我们是玩搭积木，还是看动画片呢？"孩子哭时，对他说："看这里这么多的泪水，我们正缺水呢，快来接住吧。"这时爸爸真的拿来一个杯子，孩子就可能破涕为笑。有个幼儿总是爱哭，大人对他说："你眼睛里大概有小哭虫吧，他让你总哭，来，咱们一起捉小虫吧！"孩子的情绪也就转移了。

**2) 延迟满足法**

首先，父母可以在平时创造一些让幼儿学习延迟满足的机会，如事先约定好延迟购买玩具的时间，如果幼儿能够等待，届时表扬或者给幼儿奖励进行强化；其次，在幼儿与其他孩子发生玩具争抢暂时不能获取该玩具而烦恼时，可以引导幼儿这样想：现在只是暂时不能玩，过会儿我就可以玩了。

**3）自我暗示法**

鼓励幼儿使用不同的自我暗示法来控制自己的情绪和行为。容易愤怒的幼儿，在愤怒时默数"1、2、3、……"，或者默念"要冷静"；容易情绪低落的幼儿，可以对自己说"今天我很棒"。此外，也可以通过调整行为的方式进行暗示，比如保持微笑、抬头挺胸走路等。例如，孩子初入园由于要找妈妈而伤心哭泣时，可以教他自己大声说："好孩子不哭。"孩子起先是边说边抽泣，以后渐渐就不哭了。孩子和小朋友打架生气时，可以要求他讲述打架发生的过程，孩子会越讲越平静。

**4）想象法**

遇到困难或挫折而伤心时，想想自己是"大姐姐""大哥哥""男子汉"或某个英雄人物等等。

**【小试牛刀】**

## 米米是不是讨厌妈妈

小班幼儿离园的时间马上到了，教室门口已经有家长在等候，有几位家长在窗户边探头张望。米米离开自己的座位向门口跑去，随即米米又退回自己的座位，一副瘪着嘴欲哭的表情。妈妈推门进来，抱起米米。

"婆婆呢？婆婆！"

"婆婆在家呢。"

"不要不要，我要婆婆接！"米米哭了。

"婆婆的脚扭了，不能走路，妈妈接你回家。"

"没有，没有，我要婆婆来接我！"米米边哭闹边推妈妈。

妈妈耐心地讲着。米米越哭越厉害。

面对越来越多的家长，妈妈一脸尴尬。终于，妈妈失去了耐心。"你不想跟妈妈回家就一个人待着，我走了。"妈妈生气地放下米米，装着要离开。米米哭得更厉害了。束手无策的妈妈满脸祈求地望着站在教室门口的林老师。

林老师走到米米身边，轻轻地拍着米米，拥抱到怀里，边给米米擦眼泪边说："米米乖，米米不哭，让老师来帮助你，好不好？""好！"米米抽抽搭搭地说。

"米米现在很伤心吧？你告诉老师，是什么事情让米米这么伤心呢？"这话问到了伤心处，还没等老师说完，米米又大声地哭了起来，"我不要妈妈带我回家，我要婆婆带我回家。"

"噢，老师知道了，米米每天跟着婆婆，最喜欢婆婆，幼儿园里待了一天，最想见到婆婆，是不是？"这可说到米米的心坎儿了。"是。"

"妈妈说，婆婆的脚扭了，不能来接米米了，我们先跟妈妈回家，快点见到婆婆，好吗？"

"不要不要，婆婆脚没扭，早上是婆婆送我来的，我要婆婆。"

"噢，是这样。那我们先给婆婆打个电话，老师也想知道婆婆的脚到底怎么样了，好吗？"

米米自林老师说出"打电话"开始，嘴巴里就不停地答着"好，好"，同时，哭声停止了，情绪也慢慢平静下来了。

林老师带着米米打电话。米米对着电话说着，脸上阴转多云。

来到妈妈身边，脸上竟有了笑容，"我们快回家看婆婆！"妈妈如释重负。

【想一想】导致米米产生消极情绪的原因是什么？老师是怎样使米米产生情绪转变的？

## ▶▶ 🎙 本章考点

### 简答题

(1) 情绪、情感的发展趋势与特点；

(2) 幼儿基本情绪的发展；

(3) 幼儿高级情感的发展。

## ▶▶ 🎙 课后习题

### 一、选择题

1. 幼儿喜欢将东西扔在地上，成人拾起来给他后，他又扔在地上，如此反复，乐此不疲。这一现象说明婴儿喜欢（　　）。

A. 手的动作　　　　　　　　　B. 重复性动作

C. 抓握动作　　　　　　　　　D. 玩东西

2. 下列不利于缓解或调控幼儿激动情绪的方法是（　　）。

A. 安抚　　　　　　　　　　　B. 转移注意力

C. 冷处理　　　　　　　　　　C. 斥责

3. 中班幼儿告状现象频繁，这主要是因为幼儿（　　）。

A. 道德感的发展　　　　　　　B. 羞愧感的发展

C. 美感的发展　　　　　　　　D 理智感的发展

4. 幼儿看见同伴欺负别人会生气，看见同伴帮助别人会赞同，这种体验是（　　）。

A. 理智感　　　　　　　　　　B. 道德感

C. 美感　　　　　　　　　　　D. 自主感

5. 在商场 4～5 岁的幼儿看到自己喜爱的玩具时，已不像 2～3 岁那样吵着要买，他能听从成人的要求，并用语言安慰自己"家里有许多玩具了，我不买了"。对这一现象最合理的解释是（　　）。

A. 4～5 岁幼儿形成了节约的概念

B. 4～5 岁幼儿的情绪控制能力进一步发展

C. 4～5 岁幼儿能够理解玩其他玩具同样快乐

D. 4～5 岁幼儿自我安慰的手段有了进一步发展

6. 初入园的幼儿常常有哭闹、不安等不愉快的情绪，说明这些幼儿表现出了（　　）。

A. 回避型依恋　　　　　　　　B. 抗拒性格

C. 分离焦虑　　　　　　　　　D. 黏液质气质

7. 下列不是婴儿期出现的基本情绪体验的选项是（　　）。

A. 羞愧　　　　　　　　　　　B. 伤心

C. 害怕　　　　　　　　　　　D. 生气

8. 情绪是婴幼儿交往的主要工具，这是因为情绪具有（　　）。

A. 传递功能　　　　　　　　　B. 唤起功能

C. 调节功能　　　　　　　　　D. 信号作用

## 二、名词解释

应激

## 三、简答题

情绪、情感在幼儿心理发展中有什么作用？

## 四、案例分析

【案例1】4 岁的成成上床睡觉前非要吃糖，妈妈一个劲儿地向他解释睡觉前不能吃糖的道理，成成就是不听，还扯着嗓子哭起来。妈妈生气地说："再哭，我打你。"成成不但没停止哭叫，反而情绪更加激动，干脆在床上打起滚来。

问题：

请运用有关幼儿情绪的理论，谈谈成成为什么会这样？成人应如何引导与培养幼儿的良好情绪？

【案例2】齐齐在幼儿园是一个胆子很小的孩子。上课从来都不主动回答问题，老师点名让他回答，他就脸红，并且声音很小；也不愿意和同伴交往，老师和同学让他一起来玩，他的头摇得跟拨浪鼓一样。

问题：

1. 造成齐齐性格胆小的原因可能有哪些？

2. 你认为应该怎样帮助齐齐？

【案例3】星期一，已经上小班的松松在午睡时一直哭泣，嘴里还一直唠叨："打电话让爸爸来接我，我要回家。"老师多次安慰，他还一直在哭。老师生气地说："你再哭，爸爸就不来接你了。"松松听后情绪更加激动，哭得更加厉害了。

问题：

1. 请简析上述老师的行为。

2. 请提出三种帮助幼儿控制情绪的有效方法。

【案例4】3岁的阳阳，从小跟奶奶生活在一起。刚上幼儿园时，奶奶每次送他到幼儿园准备离开时，阳阳总是又哭又闹。当奶奶的身影消失后，阳阳很快就平静下来，并能与小朋友们高兴地玩。由于担心，奶奶每次走后又折返回来。阳阳再次看到奶奶时，又立刻抓住奶奶的手哭泣起来。

问题：

1.阳阳的行为反映了幼儿情绪的哪些特点？

2.阳阳奶奶的担心是否有必要？教师该如何引导？

【开放式问答】

1.你班有两名幼儿打架，都抓破了脸，来园接送的两位家长起了争执。对此，你会怎么处理？

2.中班的甜甜有癫痫病，有一天发作后，突然晕倒。对此，你会怎么处理？

【德育角】

2023年教师节前夕，习近平总书记致信全国优秀教师代表，指出："教师群体中涌现出一批教育家和优秀教师，他们具有心有大我、至诚报国的理想信念，言为士则、行为世范的道德情操，启智润心、因材施教的育人智慧，勤学笃行、求是创新的躬耕态度，乐教爱生、甘于奉献的仁爱之心，胸怀天下、以文化人的弘道追求，展现了中国特有的教育家精神。"

# 第十二章

# 学前儿童个性的发展

## 场景呈现

　　每年幼儿园开学的第一天，幼儿园里都会上演"史诗级灾难片"，坐着哭、躺着哭、吃饭哭、睡觉哭……成群结队一起哭。大部分儿童在入园初期有着不同程度的入园焦虑，另外一些儿童症状较轻，能够自己调节焦虑，也有个别适应能力特别强的小朋友，第一天上幼儿园不哭也不闹，还会帮着老师安抚其他哭闹的小朋友。爸妈们就会有疑惑："怎么别人家的宝宝好像很快就适应了，怎么我们家的宝宝哭那么久？"正如世界上没有两片相同的叶子，其实每个宝宝的性格特点、行为方式也不一样。

　　思考：儿童入园为何有不同的行为特点。

## 学习目标

1. 理解性格、气质、个性、自我意识等概念；
2. 了解气质与性格的关系、自我意识的发展特点、幼儿的性格特点。

## 知识框架

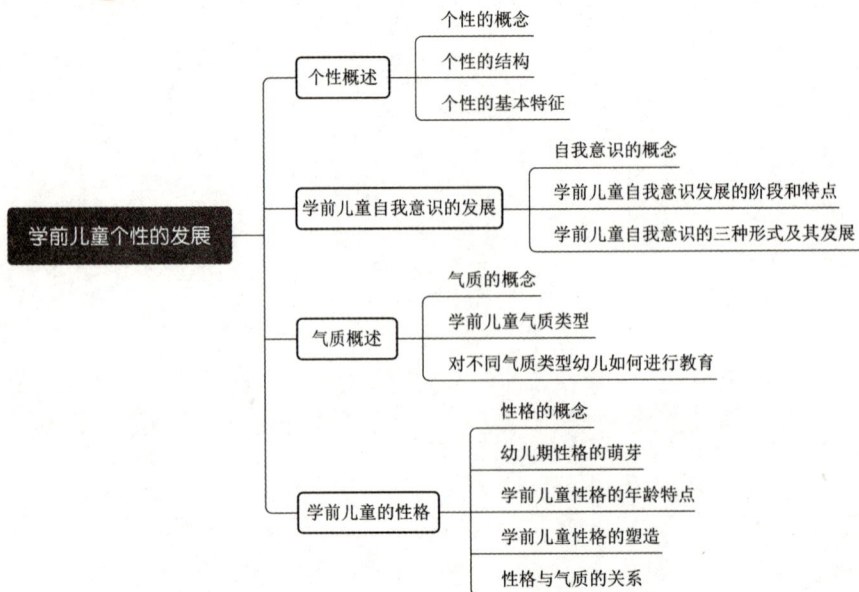

第一节　个 性 概 述

## 一、个性的概念

在日常生活中，"个性"是一个常用词。例如，人们常说"这个人很有个性"，指的是这个人与众不同；人们也说"要发展儿童的个性"，指的是使儿童的特点得到充分的发展。总之，日常我们讲的个性，指的是人的个别性、特殊性或个别差异。

而心理学中的个性，则是指一个人全部心理活动的总和，指的是一个人经常的、稳定的、本质的，具有一定倾向性的各种心理特点或品质的独特组合。个性既不是天生的，也不是人在出生后就立即形成的，而是逐步形成和发展起来的。

两岁左右，个性逐渐萌芽。所谓个性萌芽，是指心理结构的各成分开始组织起来，并有了某种倾向性的表现，但还没有形成稳定的个性系统。3~7 岁是个性形成时期，这一阶段已经明显地出现了个性所具有的各种特点。

个性是在个体的各种心理过程、各种心理成分发生发展的基础上形成的，个性形成的过程是漫长的。学前儿童的个性离个性的定型还差得很远。直到成熟年龄，即大约十八岁左右，个性才基本定型，而人的个性定型以后，还可能发生变化。

## 二、个性的结构

个性的心理成分构成主要有广义和狭义之分。狭义的个性包括两大方面内容：个性倾向性和个性心理特征，也就是一个人稳定的各项心理特征的总和。广义的个性心理结构，则包含以下五个方面。

### 1. 个性倾向性

个性倾向性包括需要、动机、兴趣、理想、信念、世界观等要素，表明人对社会环境的态度和行为的积极特征，是推动人进行活动的动力系统，是个性心理结构中最活跃的成分，集中体现了个性的社会实质，是构成个性的核心，对个人的心理和行为有明显的影响。

个性倾向性系统是以人的需要为基础，以世界观为指导的动力系统，较少受生理、遗传等先天因素的影响，主要是在后天的培养和社会化进程中形成。个性倾向性系统中的各个要素互相联系、互相影响。

### 2. 个性心理特征

个性心理特征包括人的气质、性格和能力等心理成分，在个体身上经常的、稳定的表现出来的特点，叫个性心理特征，是个性独特性的集中表现。

其中，性格是个性的核心特征，反映一个人对现实的稳定性态度和习惯化了的行为方式。例如，科学家认知能力强，活动家交往能力强。

### 3. 自我意识

自我意识包括自我认识、自我评价、自我调节三个子系统，是一系列自我完善的能动结构，属于个性心理结构中的自我调控系统，充分反映个性对社会生活的反作用，是人的心理能动性的体现，是个性心理结构中的控制系统。

### 4. 心理过程

心理过程包括感知、记忆、思维、想象以及情感等，是人的心理活动的基本成分或基础成分，是人对现实发生反应和联系的基本形式。

### 5. 心理状态

心理状态包括注意、激情、心境等，是心理活动的背景，表明心理活动进行的时候所处的相对稳定的水平，会提高或降低个性积极性。

## 三、个性的基本特征

个性是在先天遗传的基础上，在社会文化历史的背景下发展并形成的。对于学前儿童来说，家庭、学校、社会都会影响其个性的发展，因而，个性是一个复杂的、多层次的动力系统，个性主要有以下几个特点。

### 1. 整体性

个性的整体性指的是个性是由各个密切联系的成分所构成的多层次、多水平的统一体，在这个整体中各个成分相互影响、相互依存，使每个人的行为的各方面都体现出统一的特征。

个性系统作为一个整体，每一个要素的变化，都依存于其他要素，也都影响其他要素。例如，当一个儿童的兴趣发生变化，他的活动性质随之变化，他的知识结构、认知能力也会随之改变，他的自我评价、自我体验、自我监控，以及态度和行为也会改变。

### 2. 倾向性

个性的倾向性是指人的心理活动经常表现出的方式或方向，它影响着一个人经常出现的特点。如对事物的经常性看法，对某些活动的偏爱，以及经常的行为方式。个性倾向性是个性的主要成分。因为它在这个统一整体中起着组织和指导作用，它的形成与需要和活动动机有关。

### 3. 稳定性

个性的稳定性是指一个人经常地表现出来的心理倾向和心理特征或品质，表现为一个人心理活动一致性和行为连贯性。儿童早期的心理活动变化多，随年龄增长，在后期注意稳定性增加的基础上，儿童的各种认识过程的稳定性也在增加，进而出现情绪的日趋稳定，形成性格的情绪特征。两三岁以后，儿童的心理活动开始向稳定的方向发展。

### 4. 独特性

个性的独特性是指每个人的个性都有其不同于他人的独特之处，这是由个性各结构成分本身所具有的特色决定的，也是由个性各心理成分之间的不同结构而决定的。例如，有人内向，有人外向；有人擅长分析，有人擅长综合。

儿童出生时就表现出行为的个别差异，这些差异在睡眠、啼哭、吃奶的过程中以及对各种刺激的反应中表现出来，一般称为气质特征。随着儿童心理活动稳定性的增加，逐渐出现个人特有的心理特征，即个性独特性。

### 5. 积极能动性

个性的积极能动性是指对外界刺激的反应具有选择性及对改变外部和内部世界具有能动性。新生儿的心理活动基本上是被动的，随着心理活动的发展，越来越明显体现出心理活动的积极性。个性积极能动性的发展，与意识和自我意识的发展有着密切联系。一岁半以后，幼儿开始改变完全受外界环境左右的被动局面，与此同时，自我意识逐渐发展，幼儿开始意识到自己以及自己与周围世界的关系，并对这些关系有了相对稳定的态度。至此，个性开始形成。

## 第二节　学前儿童自我意识的发展

### 一、自我意识的概念

自我意识指个体对自己所作所为的看法和态度（包括对自己的存在，以及自己对周围的人或物的关系的意识）。

自我意识是组成个性的一个部分，是个性形成水平的标志，也是推动个性发展的重要因素。使个性各个部分整合、统一起来的核心力量，正是自我意识。

### 二、学前儿童自我意识发展的阶段和特点

#### 1. 自我感觉的发展（1 岁前）

婴儿由 1 岁前不能把自己作为一个主体同周围的客体区分开，到知道手脚是自己身体的一部分，是自我意识的最初级形式，即自我感觉阶段。

#### 2. 自我认识的发展（1～2 岁）

幼儿会叫妈妈，已经把自己作为一个独立的个体来看待了，更重要的是，幼儿在 15个月以后已开始知道自己的形象。

**【经典实验】**

阿姆斯特丹借用了盖洛普研究黑猩猩自我再认的"MSR 实验 (Mirror Self-recognition，镜像自我认知 )"，在婴儿鼻尖上涂一个红点，并假定，如果婴儿表现出意识到自己鼻尖上的红点的自我指向行为，就表明婴儿具有了自我认知的能力。因为只有当他发现了镜像中的红鼻子是由于自己鼻子上发生了什么不寻常的事的时候，才会去摸自己的鼻尖。这一典型的对镜像中的红鼻子形象引起的指向自己的行为，表示婴儿已经有了把自己的某种特征当作客体去认识的能力。

阿姆斯特丹对 88 名 3～24 个月的婴儿进行观察，并对其中 2 名 12 个月的婴儿做了一年的追踪研究。结果发现，只有到 15～24 个月时，婴儿才显示出稳定的对自我特征的认识，他们对着镜子触摸自己的鼻子和观看自己的身体。阿姆斯特丹认为，这就是婴儿出现了有意识的自我认知的标志。

### 3. 自我意识的萌芽 (2～3 岁 )

自我意识的真正出现，是和儿童言语的发展相联系的，掌握代名词"我"是自我意识萌芽的最重要标志，准确使用"我"来表达愿望时，这标志着儿童的自我意识产生。

### 4. 自我意识各方面的发展 (3 岁后 )

在知道自己是独立个体的基础上，逐渐开始了对自己的简单评价；进入幼儿期，孩子的自我评价逐渐发展起来，同时，自我体验、自我控制开始发展。

## 三、学前儿童自我意识的三种形式及其发展

自我意识包括三种形式，即自我认识 ( 狭义的自我意识 )、自我评价和自我调节。下面，我们试从一个案例来看幼儿自我意识的发展情况。

**【案例】**

问："告诉我，你是谁？你跟别的小朋友有什么不一样？"

答："我叫晓晓，你看，这是妈妈给我买的新鞋，这是红色的，我家里还有一双黄颜色的。"

问："你今年多大了？"

答："我 4 岁了。"

问："你是男孩还是女孩？"

答："我当然是女孩啰，可我弟弟是男孩。"

问："当然，你再说说你自己。"

答："我会刷牙了，每天睡觉前刷，早上起来刷。我还会洗我的小手帕。告诉你吧，我还有一盒积木，我会搭房子，搭得可高可高了。"

问："还有吗？"

答："一碰它就塌下来了，没有了。"

问："你再说说你喜欢什么，不喜欢什么。"

答："我呀，最喜欢吃巧克力，妈妈不让我多吃，一次只能吃2块，说吃多了会坏牙。我不喜欢和玲玲玩儿，她对人特凶。"

从上述的对话中可以看出，幼儿阶段的孩子能清楚地识别自己的性别，有喜好的评价，且有了一定的自我控制能力。

自我意识的三种形式有各自的发展趋势和特点。

### 1. 学前儿童自我认识的发展

自我认识的对象，包括自己的身体、自己的动作和行动、自己的内心活动。

1) 对自己身体的认识

(1) 不能意识到自己的存在。儿童认识自己，需要经过一个比认识外界事物更为复杂、更为长久的过程。儿童最初不能意识到自己，不能把自己作为主体去同周围的客体区分开来。几个月的婴儿甚至不能意识到自己身体的存在，不知道自己身体的各个部分是属于自己的。

(2) 认识自己身体各部分。随着认识能力的发展和成人的教育，1 岁左右，幼儿逐渐认识自己身体各个部分。但是，1 岁孩子还不能明确区分自己身体的各种器官和别人身体的器官。例如，当妈妈抱着孩子问"你的耳朵在哪里"时，孩子用手摸摸自己的耳朵，又立即去摸妈妈的耳朵。

(3) 认识自己的整体形象。幼儿对自己的面貌和整个形象的认识，也要经过一个较长的过程。最初婴儿在镜子里发现自己时，总是把镜中形象作为别的孩子来认识。至于对自己的影子，儿童认识得更晚。有报告指出，2.5～3 岁的幼儿还难以理解自己的影子，常常指着自己的影子叫"小孩"，追着影子试图用脚去踩。

(4) 意识到身体内部状态。对于自己身体内部状态的意识，是到 2 岁左右才开始发生的，如会说"宝宝饿"是最初的表现。

(5) 名字与身体联系。婴儿很长时间不能把自己的名字和自己的身体相联系。八九个月时，当成人用他的名字问："××在哪儿呢？"孩子能用微笑或动作做出正确的回答。但直到 3 岁左右，儿童还倾向于用名字称呼自己，不用代名词"我"，似乎是把自己和自己以外的人或物同等对待。

2) 对自己动作和行动的意识

动作的发展是儿童产生对自己行动的意识的前提条件。1 岁左右，婴儿通过偶然性的动作，逐渐能够把自己的动作和动作的对象区分开来，并且体会到自己的动作和物体的关系。培养儿童对自己动作和行动的意识，是发展其自我调节和监督能力的基础。

3) 对自己内心活动的意识

对自己内心活动的意识，比对自己的身体和动作的意识更为困难。因为自己的身体是看得见、摸得着的，自己的行动也是具体可见的，而内心活动则是看不见。对内心活动的意识要求更高的思维发展水平。

幼儿从 3 岁左右开始，出现对自己内心活动的意识。例如，儿童开始意识到"愿意"和"应该"的区别，开始懂得什么是"应该的"，"愿意"要服从"应该"。

掌握"我"字是自我意识形成的主要标志。婴儿从知道自己的名字发展到知道"我"，意味着从行动中实际成为主体，意识到了自己是各种行为和心理活动的主体。

### 2. 学前儿童自我评价的发展

自我评价在 2~3 岁开始出现。幼儿自我评价的发展，与幼儿认知和情感的发展密切相连，其特点如下。

#### 1) 主要依赖成人的评价

幼儿还没有独立的自我评价，他们的自我评价常常依赖于成人对他的评价。特别是在幼儿初期，幼儿往往不加考虑地轻信成人对自己的评价，自我评价只是成人评价的简单重复。

例如，问一个幼儿："你乖吗？"幼儿会回答："妈妈说我是个乖孩子。"

幼儿晚期，开始出现独立的评价。幼儿对成人对他的评价逐渐持有批判的态度。如果成人对他的评价不符合他的实际情况，儿童会提出疑问或申辩，甚至表示反感。

#### 2) 自我评价常常带有主观情绪

幼儿往往不从具体事实出发，而从情绪出发进行自我评价。

例如，让幼儿对自己的绘画和泥工作品同别人的作品进行比较性评价。当幼儿知道比较的对方是老师的作品时，尽管这些作品比自己的质量差（这是故意的），幼儿总是评价自己的作品不如对方；而当幼儿对自己的作品和小朋友的作品相比较时，则总是评价自己的作品比别人的好。

这一试验结果充分说明了幼儿自我评价的主观性。

幼儿一般都过高地评价自己。随着年龄的增长，自我评价逐渐趋向于客观。

#### 3) 自我评价受认识水平的限制

幼儿的自我评价受整体思维、认知发展水平的影响很大，这突出表现在以下方面。

(1) 幼儿的自我评价一般比较笼统，只较多从某个方面或局部对自己进行评价，以后逐渐向比较具体、细致的方向发展。

(2) 最初往往较多地局限于对外部行动的评价，逐渐出现对内心品质的评价。

(3) 从只有评价、没有论据，发展到有论据的评价。

### 3. 学前儿童自我调节的发展

幼儿进入学前期后，自控能力不断增强。例如，一个 6 岁的儿童和 2~3 岁的儿童相比，其自控能力已有很大提高，具体表现为以下几点。

(1) 在进行某种活动（如游戏）之前，开始能提出一定的目的、意向和计划，并能多少坚持一段时间，用它们来指导自己的行动。

(2) 能有意抑制一种有诱惑力的愿望,不去做成人不允许的或不适合当时情景的行为。如幼儿非常想要一件玩具,但大人说不买,幼儿也就放弃了,不像3~4岁时那么"不讲理"。

(3) 能根据某种要求等待或延搁一种行为。如游戏没做完,要吃饭了,吃完饭再继续玩等。

(4) 延迟满足。如快要过生日了,妈妈给孩子买了一件漂亮的新衣服,孩子能先放一放,等生日那天才穿。

**【知识拓展】**

### 婴儿自我意识的发展

婴儿在几个月的时候还不能意识到自己身体的存在,宝宝会咬自己的手指,并因为咬痛了而放声大哭。但这一咬倒很有作用,婴儿感到咬自己的手指和咬别的东西在感觉上不一样,从而形成了最初的自我意识。婴儿到1岁时,能把自己的动作和动作的对象区分开来,把主体与客观世界区分开来。例如,开始知道由于自己摇动了挂着的铃铛玩具,铃铛就会发出声音,并从中认识到自己跟事物的关系。有的父母还常常发现婴儿把床上的各种玩具一件件地抓起来扔到床外,一边扔还一边咿咿呀呀地说个不停,这是因为婴儿发现通过自己的小手可以让玩具"响了""跑了""飞了",婴儿开始意识到自己的威力,感受到自己的存在和自己的力量,这就是自我意识的最初表现。

这种现象的出现在婴儿的自我发展过程中具有重要意义。发展婴儿的自我意识能力,是父母的重要责任之一。发展婴儿的自我意识首先要有意识地让婴儿知道自己在空间的位置,比如让婴儿知道自己和父母之间的位置关系,引导其认识自身与外部世界的关系。另外,还可发挥婴儿手的触动作用,让其扔扔皮球、抓抓奶瓶、摸摸小娃娃,同时热情鼓励、激发婴儿的欢快情绪,促进婴儿自我意识的发展。

## 第三节 气质概述

### 一、气质的概念

气质是一个人心理活动的动力特征,是人的个性心理特征之一。心理活动的动力特征,是指心理过程发生时力量的强弱、变化的快慢、灵活性和稳定性。例如,有的人稍有不如意就火冒三丈,说明情绪发生快、强度大;有的人遇事总是冷静沉着,说明情绪发生慢,也不强烈。

## 二、学前儿童气质类型

传统上根据神经类型活动的强度、平衡性及灵活性的不同，在日常生活中，一般将人的气质划分为四种类型：胆汁质、多血质、黏液质及抑郁质，见表12-1。

### 表 12-1  气 质 的 类 型

| 气 质 类 型 | 神 经 类 型 | 心 理 表 现 |
|---|---|---|
| 抑郁质 | 弱 | 敏感、畏缩、孤僻 |
| 胆汁质 | 强、不平衡 | 反应快、易冲动、难约束 |
| 黏液质 | 强、平衡、惰性 | 安静、迟缓、有耐性 |
| 多血质 | 强、平衡、灵活 | 活泼、灵活、好交际 |

这四种类型的人都有其各自的典型特征。

### 1. 胆汁质

胆汁质幼儿精力旺盛、反应迅速、脾气急躁、容易冲动，情绪明显表露于外，但持续时间不长。例如，上课时坐不住，经常在椅子上乱动；对老师的提问没有听清楚就急着回答；画图画或搭积木时，开始很认真，但稍不合意就把纸撕破或把积木推倒。有类似表现的幼儿具有胆汁质的特点。

### 2. 多血质

多血质幼儿活泼好动、反应敏捷，喜欢与人交往，善于适应环境变化；注意和兴趣容易转移，情绪表现明显，但易变。例如，喜欢与小朋友一起玩儿，不愿意单独玩儿；不管遇到生人、熟人，都主动打招呼；能很快适应集体生活，适应不熟悉的环境，不怯场；遇到不高兴的事就生气，但经别人劝说后，不执拗，很快就忘掉；面部表情生动，有感情地讲述故事；思维灵活，但不求甚解。有类似表现的幼儿具有多血质的特点。

### 3. 黏液质

黏液质幼儿安静稳定、反应缓慢、沉默寡言、交际适度；能克制自己，注意稳定但不容易转移。例如，上课不主动回答问题，但老师点名叫他，可以回答得很好；与小朋友相处，很少发生冲突，不爱告状，也不爱表现自己；如果受了委屈，很长时间情绪都不好；能够长时间地从事某一项活动，不易受到外面的影响；对经常从事的、已经习惯的活动表现出很大的热情，但不易习惯新的活动。有类似表现的幼儿具有黏液质的特点。

### 4. 抑郁质

抑郁质幼儿行为孤僻、反应迟缓，具有较高的感受性，善于觉察他人不易觉察的细节；情绪反应深刻、持久，但不表现于外，具有内倾性。例如，不喜欢说话，不喜欢与小朋友一起玩儿，更不易与陌生人接触；对最喜欢的老师也不以言语来示好，只是默默地望着老师；受到表扬时没有明显的表示，老师稍加批评就很难为情，且持续很长时间；起床时，穿衣服动作很慢，上课时，动手、动笔的速度也很慢。有类似表现的幼儿具有抑郁质的特点。

其实，在现实生活中，只有非常少数的人具有单一的、典型的气质类型，大多数人都是混合型的，只是某一种类型的表现更突出一些。

## 三、对不同气质类型幼儿如何进行教育

### 1. 成人对儿童的抚养和教育措施，必须充分考虑到每个儿童的气质特点

由于每个儿童出生时的气质特点各不相同，父母应主动使自己的行为节律与婴儿的行为节律相适应。比如，对弱型儿童应格外细心照料，多加鼓励；对于难以适应新环境的儿童，在送入托幼机构的过程中更应该多加帮助；同时又能注意引导婴儿的行为循着社会所要求的方向发展。这些对婴幼儿良好个性的形成都是十分重要的。

### 2. 要善于理解不同气质类型儿童的不足之处

尽管我们说气质类型无所谓好坏，但作为个体的行为特征，在社会生活中会表现出适宜或不适宜的情况。例如，黏液质的儿童自制力较强、有耐心，但不够活泼、迟缓、执拗；抑郁质的儿童细致，但怯懦、易退缩；多血质的儿童活泼开朗、机敏灵活，但有时不够踏实；胆汁质的儿童倾向于大胆、坦率、热情，但又有些爱逞能，易粗心、莽撞。

作为教师要善于利用每一种气质类型的积极方面，给幼儿提供充分表现的机会，同时，对于他气质中所表现出来的不尽如人意之处，也要表现出充分的理解，并考虑采取更有策略的方法来对待。

### 3. 要巧妙地利用不同气质类型儿童的心理特点因势利导

例如，对于抑郁质的儿童，由于他们比较敏感，不宜在公开场合点名指责，要多表扬其成绩，培养自信心，激发活动积极性；而对胆汁质的儿童也要注意不宜针锋相对去激怒他们，要教会他们自制，并逐步养成安静、遵守纪律的习惯；而对多血质的儿童，要培养其耐心、专心做事的习惯；对黏液质的儿童，要引导他多和其他儿童交往，鼓励他多参加集体活动。虽然这些道理容易被人接受，但要巧妙地加以运用还是一门教育的艺术。

### 4. 要注意和防止一些极端气质类型儿童的病态倾向发展

抑郁质和胆汁质儿童，如果稳定性发展过差，不能很好地控制自己，便会表现出一些病态倾向。通常抑郁质儿童在极不稳定情况下易发生像紧张、胆怯、恐惧、强迫等具有神经焦虑症倾向的障碍；而胆汁质儿童的极端化发展则可能与一些更具有攻击和破坏性的行为有关。教师要学会分辨一些基本的心理障碍倾向，采取科学的态度慎重对待。

### 【小试牛刀】

下面四个案例分别偏向哪种气质类型？

案例1：圆圆是一个较内向的女孩子，她喜欢安静，不喜欢说话；喜欢一个人玩儿，不愿与人交流；上课时遵守纪律，认真听讲，但不管会不会的问题都不敢举手发言。她

情绪不易外露，被老师表扬也没有什么表示；被人欺负不敢报告老师，经常是爸爸妈妈间接报告。

案例2：沙沙是个活泼热情的女孩子，她待人真诚、热情，喜欢帮助其他小伙伴。就是这样一个可爱的小女孩，却像一颗"爆竹"，一遇到不顺心的事就"炸"，号啕大哭、声嘶力竭，还会抓自己的头发，撕书撕纸。其实也不是什么特别的事，例如，看到作业本上出现许多错题；上课铃响了，却找不到学习用具等。事后，老师和她谈话，她也承认自己做得不对，表示一定改正，但就是屡屡反复，难以持久。

案例3：乐乐在班里跳绳比赛得第一名。每次学新舞蹈，她总是班里学得最快的。她理解事物快，上课积极举手发言，并基本上能做出较好的回答。她对感兴趣的课能长时间集中注意力，对不感兴趣的课不能集中注意力，做小动作。但老师稍微一示意，她即能克制自己。她能较快地适应不熟悉的环境，第一次上台报幕和第一次为外宾演出，都能很好地完成任务。她喜欢和小朋友一起玩儿，从来不一个人单独玩儿，并且很善于和小朋友交往，在游戏中常常当小领袖。

案例4：朋朋很能自制。从小班开始，做完作业后，全班只剩下他一个还在画画儿，其他小朋友都出去玩儿了，他不受影响，一个人坐在那里继续画，一直画到自己满意才出去玩。看木偶戏时，有的小朋友哈哈大笑，他只是安静地笑。本班老师因事外出一个星期，回班时大多数孩子拉着老师又说又笑，他只是在一旁看着老师。他如果受了委屈，好久情绪都不好。他上什么课都集中注意力，坐他旁边的小朋友经常用手碰他，他也不予理会。

## 第四节　学前儿童的性格

### 一、性格的概念

性格是个性中最重要的心理特征。它在人的个性中起着核心的作用，是一个人区别于其他人的集中表现。它表现出一个人的社会性及精神面貌的主要方面。

### 二、幼儿期性格的萌芽

儿童的性格是在先天气质类型的基础上，在儿童与父母相互作用中逐渐形成的。儿童性格的最初表现是在婴儿期。3岁左右的儿童出现了最初的性格方面的差异，主要表现在以下几方面。

#### 1. 合群性

在学前儿童与伙伴的关系方面，可以看出明显的区别，如有的孩子比较随和，富于同情心，看到小伙伴哭了会主动上前安慰，发生争执时较容易让步；而另一些孩子存在明显的攻击行为。

### 2. 独立性

独立性是幼儿期发展较快的一种性格特征，独立性的表现在 2～3 岁变得明显。独立性强的孩子，可以独立做一些事情，而有些孩子离不开妈妈，表现出很强的依赖性。

### 3. 自制力

到了 3 岁左右，在正确的教育下，有些幼儿已经掌握了初步的行为规范，并学会了自我控制，如不随便要东西，不抢别人的玩具。而有些幼儿则不能控制自己，当要求得不到满足时，就以哭闹为手段要挟父母。

### 4. 活动性

有的幼儿活泼好动、手脚不停，对任何事物都表现出很强的兴趣，且精力充沛；而有的幼儿则好静，喜欢做安静的游戏，一个人看书或看电视等。

幼儿期性格的差异，还表现在坚持性、好奇心及情绪等方面。进入幼儿期后，在正常的教育条件下（没有大的环境变化），这些萌芽将逐渐成为孩子稳定的个人特点。

## 三、学前儿童性格的年龄特点

在原有性格差异的基础上，学前儿童性格差异更加明显，并越来越趋向于稳定。但总的说来，学前儿童的性格发展相对于小学和中学时期，更具有明显的受情境制约的特点，家庭教育、幼儿园教育，对孩子的性格发展有着至关重要的影响；同时，学前儿童的性格具有很大的可塑性，行为容易得到改造。

在幼儿性格差异日益明显的同时，幼儿性格的年龄特征也越来越明显，具体表现在以下几方面。

### 1. 活泼好动

好动是儿童性格的特点，一个正常的儿童，好动伴随着他的成长过程，这跟儿童身体的生长发育有关，他们的活动方式的多样及其变化，是其生命活动的需要。学前儿童对于环境的认知、与周围人的交往、自己的需求和愿望的表达，常常是在东碰西撞、摸拿拆翻的过程中完成的。

### 2. 喜欢交往

儿童进入学前期后，在行为方面最明显的特征之一，是喜欢和同龄或年龄相近的小伙伴交往。

### 3. 好奇好问

学前儿童的好奇心很强，主要表现在探索行为和提出问题两个方面。当儿童面对环境的盲点，即想要了解自己不知道、不懂得的事物时，便有了一种指向性的行为，试图通过摆弄、操作来解开认知过程中的"谜"。他们经常要问许多"是什么"和"为什么"，而且会"打破砂锅问到底"。

### 4. 模仿性强

模仿性强是幼儿期的典型特点，小班幼儿表现尤为突出。幼儿模仿的对象可以是成人，也可以是儿童。对成人模仿更多的是对教师或父母行为的模仿。

### 5. 好冲动

学前儿童的情绪易变化，自制力不强，对行为过程缺乏思考，常常想到什么就要做什么，不考虑后果，也不知道危险，同时，也因为生理发展的原因，执拗、顶撞是常有的事，因而经常会闯祸。

## 四、学前儿童性格的塑造

儿童最初形成的性格特征对个性形成起了重要的作用。这时性格虽然还没有定型，但它是未来性格形成的基础。在一般情况下，性格比较容易沿着最初的倾向发展下去。但是，如果环境和教育条件发生重大变化，儿童的性格也会发生变化。许多事例反复证明，性格是随外界环境和教育的影响而产生和变化的。因此，我们必须重视对儿童性格的培养。

### 1. 加强思想品德教育

首先，日常生活是实施幼儿德育最基本的途径。在一日生活常规和生活制度中渗透着良好性格培养的内容，可以培养幼儿诚实、勇敢、自信、关心他人、勤劳等品德和行为习惯。其次，教师也可以结合本班学生的实际情况、行为表现，有目的、有计划地组织专门的德育活动。最后，利用游戏培养幼儿良好的性格特征。因为游戏伴随着愉悦的情绪，在游戏中向幼儿提出规则、要求，很容易被幼儿接受。

例如，有些儿童在日常生活中表现得固执任性，而在游戏中，为了使自己不被游戏伙伴排斥，便会主动抑制自己的性格缺点，慢慢学会与人合作。教师有意识地让过于好动、缺乏自制力的儿童在游戏中担任一些需要安静和认真工作的角色，而让过于内向、沉默寡言的儿童担任一些需要交往的角色，在经常的锻炼中，他们都能改变或减少一些个性发展上的不足之处，逐渐培养起良好的性格。

### 2. 树立良好榜样

就个人的成长而言，儿童时期无疑最容易受到榜样的影响。他很容易把某一个人物当作自己崇拜的对象和仿效的楷模。有研究者认为，当前儿童大多数以家长和教师作为榜样，根据这一特点，教师应该有针对性地及时提供典范人物的良好形象，使儿童取得合理的心理寄托。

### 3. 个别指导，因材施教

例如，常常让教师头疼的打人的幼儿，其情况往往是各不相同的，有的是习惯反应，有的是被欺负后的报复，有的是出于自卫，有的是模仿电视中的人物行为等，教师必须根据不同情况进行不同的教育，"一把钥匙开一把锁"。

### 4. 重视家庭的因素和发挥家长的作用

父母的文化程度、教养方式、生活习惯对儿童性格的影响是不可忽视的。心理学研究表明，父母尤其是母亲对儿童性格的影响极大。

研究认为父亲对自制力、灵活性产生显著影响，而母亲则对果断性、思维水平、求知欲、灵活性四项行为特征产生显著影响。父亲的影响多表现在意志特征中，而母亲除对情绪、意志特征有影响外，还大量地表现在儿童的理智特征中。因此，幼儿园教育一定要与家庭教育相结合，才能在更大的社会背景中培养学前儿童良好的性格。

## 五、性格与气质的关系

### 1. 性格与气质的区别

(1) 气质更多地受个体高级神经活动类型的制约，主要是先天的，在不同的生活条件下，人的气质可能表现出相同的特点；而性格更多地受社会生活条件的制约，主要是后天的，社会生活条件不同，人的性格特点就会有明显区别。

(2) 气质是表现在人的情绪和行为活动中的动力特征 ( 强度、速度等 )，反映的是人的自然实质，无好坏之分；而性格是指行为的内容，表现为个体与社会环境的关系，反映一个人的社会实质，具有社会评价意义，可以用一定的道德标准和价值观进行评价，有好坏、优劣之分。

(3) 气质具有较强的稳定性，可塑性极小，不易改变，即使有变化也相对缓慢；性格虽然也具有稳定性，但可塑性大，通过个体的主观努力，可以发生变化。

### 2. 性格与气质的联系

性格与气质的联系是相当密切而又相当复杂的。相同气质类型的人可能性格特征不同，性格特征相似的人可能气质类型不同。具体来说，二者之间的联系有以下三种情况。

(1) 气质可按照自己的动力方式渲染性格，使性格具有独特的色彩。例如，同是勤劳的性格特征，多血质的人表现为精神饱满、精力充沛，黏液质的人表现为踏实肯干、认真仔细；同是友善的性格特征，胆汁质的人表现为热情、豪爽，抑郁质的人表现为温柔、体贴。

(2) 气质影响性格形成与发展的速度。当某种气质与性格有较大的一致性时，有助于性格的形成与发展，否则会有碍于性格的形成与发展。如胆汁质的人容易形成勇敢、果断、主动的性格特征，而黏液质的人形成这种性格则较困难。

(3) 性格对气质具有重要的调节作用，性格在一定程度上可掩盖和改造气质，使气质服从于生活实践的要求。例如，飞行员必须具有冷静、沉着、机智、勇敢等性格特征，在严格的军事训练中，这些性格就会掩盖或改造胆汁质者易冲动、急躁的气质特征。

**【知识拓展】**

## 影响学前儿童性格发展的因素

### （一）父母的教养方式

研究表明，父母若对学前儿童采取关心、信任、合理、民主的养育态度和方式，学前儿童容易出现积极、独立性强、态度友好、情绪稳定等性格特征；若对学前儿童强行干涉、溺爱或者拒绝、专制、支配，儿童容易表现出消极、缺乏主动性、适应性差、情绪不稳定等特征。学前儿童的性格受父母整个教养行为的影响，因此，父母管教子女的较为理想的方式是控制、期望、沟通、关爱。

### （二）家庭结构

核心家庭、大家庭和破裂家庭，是三种主要的家庭结构。

### 1. 核心家庭

核心家庭指一对夫妇和一个孩子组成的家庭，在这种家庭中没有传统的隔代溺爱，年轻的父母工作忙碌，缺乏教养孩子的经验和方法，也缺乏爱抚孩子的时间，对孩子可能有时娇宠，有时管教过严。

### 2. 大家庭

大家庭是指几代同堂的家庭，在大家庭中长大的孩子受家风、家规等的熏陶，可能会形成良好的性格特征，教养和爱抚孩子的时间也多，但可能存在隔代溺爱和教育问题上看法不一致，导致孩子无所适从，形成焦虑不安、恐惧等不良的性格特征。

### 3. 破裂家庭

破裂家庭是指夫妻双方因不和离婚或其中一方去世的家庭。破裂家庭中，孩子的行为具有两极性，一种是自暴自弃，这与他们在生活中很少体验到双亲的爱，并时时缺乏安全感、自尊感极有关系；另一种是自勉自励，从维护自尊出发，走向高度的责任感、成熟感，这与他们报偿孤父或孤母的殷切期望，以弥补家庭缺陷而努力进取有关。

### （三）家庭氛围

家庭中的情感氛围是由所有的家庭成员营造的。一般把家庭氛围划分为融洽与对抗两种，宁静而愉快的家庭中的孩子与气氛紧张、冲突的家庭中的孩子性格有很大差别。

融洽的家庭气氛，使孩子信心十足、有安全感，孩子们经常置身于亲朋好友常相往来之中，易形成热情、诚实、友爱、善于交往等人格特征。

不融洽的家庭气氛，父母关系紧张、经常吵架，使孩子缺乏安全感，对人不信任，长期忧心忡忡，担心家庭悲剧发生，心理上形成巨大的压力，时间久了势必损害他们的心理健康，会使学前儿童变得冷漠、孤独、执拗、粗野，成为心理方面的畸形儿。

### （四）父母的榜样

父母是孩子的第一任老师，他们的一言一行都成为儿女模仿的榜样。父母如果不能很好地管束自己的心思意念、言谈举止，随便发脾气，随便讲不文明的话语，随便做不道德、不文明的事，那么就会对儿女产生消极作用。

## ▶▶ 🔊 本章考点 ·····································

### 名词解释

(1) 个性；

(2) 个性心理特征；

(3) 自我意识 / 自我认识 / 自我评价 / 自我体验 / 自我调节；

(4) 气质；

(5) 性格。

## ▶▶ 🔊 课后习题 ·····································

### 一、单选题

1. 培养机智、敏锐和自信心，防止疑虑、孤独，这些教育措施主要是针对（　　）。

A. 胆汁质的儿童　　　　　　　B. 多血质的儿童

C. 黏液质的儿童　　　　　　　D. 抑郁质的儿童

2. 幼儿意识到自己和他人一样都有情感、有动机，这反映幼儿（　　）。

A. 个性的发展　　　　　　　　B. 情感的发展

C. 社会认知的发展　　　　　　D. 感觉的发展

3. 有的幼儿遇事反应快，容易冲动，很难约束自己的行动，这个幼儿的气质类型比较倾向于（　　）。

A. 多血质　　　　　　　　　　B. 黏液质

C. 胆汁质　　　　　　　　　　D. 抑郁质

4. 2 岁半的豆豆还不会自己吃饭，可偏要自己吃；不会穿衣，偏要自己穿。这反映了幼儿（　　）。

A. 情绪的发展　　　　　　　　B. 动作的发展

C. 自我意识的发展　　　　　　D. 认知的发展

5. 渴望同伴接纳自己，希望自己得到老师的表扬，这种表现反映了幼儿（　　）。

A. 自信心的发展　　　　　　　B. 自尊心的发展

C. 自制力的发展　　　　　　　D. 移情的发展

6. 让脸上抹有红点的幼儿站在镜子前，观察其行为表现，这测试的是幼儿(  )的发展。

A. 自我意识 　　　　　　　　　　B. 防御意识

C. 性别意识 　　　　　　　　　　D. 道德意识

7. 个性心理特征包括(  )。

A. 心理过程、心理状态、能力倾向

B. 能力、气质、性格

C. 感知觉、记忆、想象、思维

D. 认知过程、情感过程、注意过程

8. "3 岁看大，7 岁看老"这句话反映了幼儿心理活动(  )。

A. 整体性的形成

B. 稳定性的增长

C. 独特性的发展

D. 积极能动性的发展

9. 自尊心、自信心和羞愧感等是(  )的成分。

A. 自我体验 　　　　　　　　　　B. 自我评价

C. 自我控制 　　　　　　　　　　D. 自我觉醒

## 二、名词解释

1. 自我意识；

2. 模仿能力。

## 三、案例分析

奇奇是这样一个孩子：胆子小，上课不主动发言，即便发言，小脸涨得通红，声音很小，特别害怕失败与挫折；他也不爱与同伴交往，老师和小朋友邀请他时，总是把头摇得像拨浪鼓似的……

问题：

1. 造成奇奇性格胆小的可能因素有哪些？

2. 你觉得该怎样帮助奇奇？

## 四、材料分析

小虎精力旺盛，爱打抱不平，做事急躁、马虎，爱指挥人，稍有不如意就大发脾气甚至动手打人，事后他也后悔，但难以克制。

问题：

1. 你认为小虎的气质属于什么类型？为什么？

2. 如果你是小虎的老师，你准备如何根据气质类型的特征实施教育。

**【开放式问答】**

1. 新来的幼儿将幼儿园的玩具藏在自己的口袋里，对此，你会怎么处理？

2. 午睡时，小班的星星要上好几次厕所，影响自己和其他小朋友的休息。对此，你会怎么处理？

**【德育角】**

在第三十六个教师节到来之际，习近平向全国广大教师和教育工作者致以节日祝贺和诚挚慰问强调：不忘立德树人初心，牢记为党育人为国育才使命，不断作出新的更大贡献。对此，谈谈你的理解。

# 第十三章　学前儿童社会性的发展

## 场景呈现

哲哲刚入幼儿园时，看到他身边的小朋友就咬，经常把小朋友咬哭。小朋友们都离他远远的，不敢跟他玩。他一走近，被他咬过的小朋友就会跑开，甚至还会被吓哭。哲哲很困惑。经过老师的引导，半年后，虽然哲哲偶尔还是会咬人，但是已经学会控制自己，不会再将小朋友咬哭。

## 学习目标

1. 熟悉幼儿亲社会行为的表现，并了解其影响因素；
2. 掌握幼儿同伴关系发展的趋势；
3. 明确幼儿同伴交往的类型，以及影响幼儿同伴交往的因素。

## 知识框架

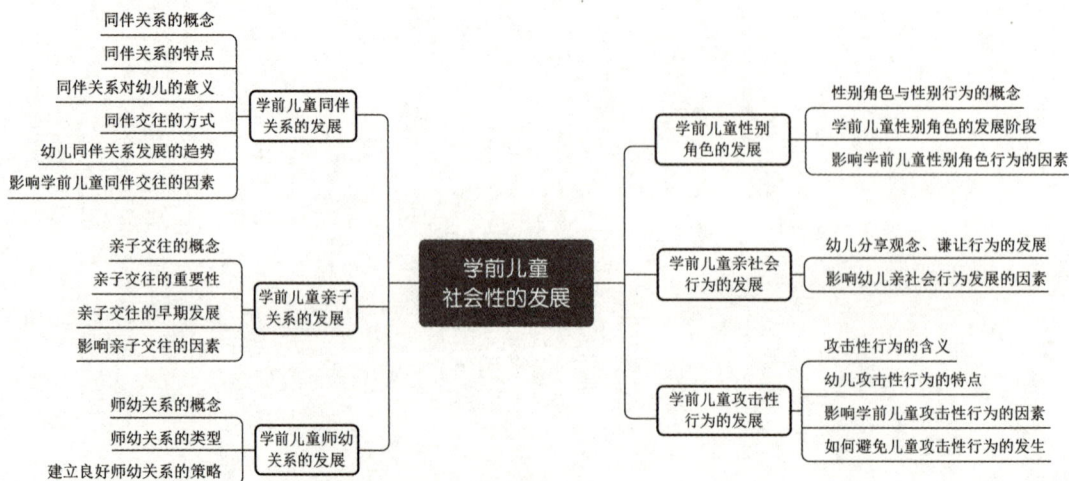

## 第一节　学前儿童性别角色的发展

学前儿童的性别角色是学前儿童社会化的重要组成部分。学前儿童的社会行为包含性别角色行为和品德行为等，其中品德行为又包含亲社会行为、攻击性行为等。

### 一、性别角色与性别行为的概念

性别角色是社会认可的男性和女性在社会上的一种地位，也是社会对男性和女性在行为方式和态度上期望的总称。

每个社会对男性和女性都会提出种种不同的要求，小到服饰、言谈举止、兴趣爱好，大到社会分工等，都有一把无形的尺子在衡量着你。一个人总是自觉不自觉地按照社会要求的行为方式去活动，这就是性别角色的作用。

性别角色的发展是以儿童性别概念的掌握为前提的，即儿童知道男孩和女孩是不同的，才能进一步掌握男孩和女孩不同的行为标准。

而性别行为则是指男女儿童通过对同性别长者的模仿，形成的属于这一性别所特有的行为方式。

性别角色属于一种社会规范，而男女两性是由遗传造成的，因而，两性在家庭生活和社会生活中扮演什么角色，就是从幼儿时期起，学习并接受成人影响、教育的结果。

### 二、学前儿童性别角色的发展阶段

#### 1. 性别同一性的获得

性别同一性是儿童对自己和他人性别的正确标定，即根据社会对性别角色的要求来确认自己。大概在 2～3 岁的时候，儿童理解了自己要么是男性、要么是女性这一事实，并且对自己有相应的标识。

性别同一性发展的特点之一是"性别角色刻板化"，儿童不仅自身会严格按照某一性别角色规定去行动，且常以此标准为依据去评价和要求同伴的行为，一旦同伴或他人出现不符合性别化规定的行为，常常会表现出拒绝和轻视的态度。儿童的性别角色刻板印象和行为，是其本身对性别差异认知和理解水平不高导致的。

#### 2. 性别稳定性的获得

性别稳定性是指儿童对人的性别不随其年龄、情境等变化而改变这一特征的认识。性别稳定性的发展依赖于儿童对心理特点的感知，一般在儿童 3～4 岁时获得。幼儿理解的性别稳定性是：男孩长大后不会变成女人，女孩长大后不会变成男人。

### 3.性别恒常性的获得

性别恒常性指一个人外表(如发型、衣着)和活动不管发生什么变化，儿童对其性别始终保持不变的认识。科尔伯格认为，性别恒常性是儿童性别认知发展中的一个重要的里程碑，学前儿童一般在6～7岁获得性别恒常性。

对性别稳定性和恒常性的理解水平，不仅限制学前儿童性别化行为的灵活性，而且在一定程度上决定着他们对同伴的选择。

## 三、影响学前儿童性别角色行为的因素

### 1.生物因素

研究发现，在胎儿期雄性激素过多的女孩，在抚养过程中虽然被按女孩养，但仍然具有典型的假小子的特征，她们喜欢消耗较多精力的体育活动，不喜欢玩娃娃。在异常生理状况下，个体可能分泌过多的与自己生理性别不符的激素，除非能及时借助外科手术改变其激素分泌状况，否则将很难纠正，往往会出现不当的性别化和心理适应不良。

### 2.社会文化因素

家庭因素的影响、父母的强化在孩子形成性别行为过程中起着重要作用。例如，当女儿做出女性行为(如安静、不淘气)时，母亲就会给出积极的反应；而当女儿做出男性行为(如淘气、爱活动)时，母亲会给出消极的反应。

父母是孩子性别行为的模仿对象，父母自身的特点也会对孩子产生影响。如小女孩学妈妈的样子给娃娃喂饭、拍娃娃睡觉等；男孩则更容易看到爸爸做什么就学什么。

可以说，在儿童性别角色发展中，父母双方都起着一定的作用，但是父亲的作用通常更大一些，尤其对于男孩。研究表明，男孩在4岁前失去父亲，会使他们缺乏攻击性，在性别角色中倾向于女性化的表现：喜欢非身体性的、非竞赛性的活动，如看书、看电视、听故事、猜谜语等。女孩在5岁前失去父亲，在青春期与男孩交往中往往会表现得焦虑、不确定、羞怯或者无所适从。

### 3.大众媒体

在家庭以外，儿童还会受到其他各类复杂因素的影响，比如电视、同伴等。通常情况下，电视等媒体会向儿童呈现传统性别角色和行为模式；与此同时，同伴也会以接纳或排斥的态度来对待儿童的性别化的行为。这些因素都会帮助儿童塑造符合其性别角色的行为模式。

### 4.幼儿园环境

幼儿教师在幼儿性别角色形成过程中起着重要作用，教师的日常教学活动会成为幼儿决定性别角色的对象，悄然影响着幼儿的气质。

【知识拓展】

## 男女双性化与教育

男女双性化，指一个人同时具有男性和女性的心理特征。他们的特征是：有自信心，

事业成功,愿意为家庭和自己的信念奋斗(男性特征);温和、文雅,愿意献身(女性特征)。这种双性文化理论强调,应该从儿童早期就开始进行无性别歧视的儿童教育,而不过分强调性别差异。近年来的研究也表明,高水平的智力成就是同糅合两性品质的男女双性化相联系的;过分划分两性不同的作用会妨碍男女儿童的智力和心理发展。

因此,适当淡化幼儿的性别角色和性别行为,对形成男女双性化性格是有利的。作为家长和教师应该意识到,至少在学龄前期,开始进行无性别歧视的儿童教育,淡化儿童的性别角色的教育对儿童的智力发展和性格发展是有益的。

## 第二节　学前儿童亲社会行为的发展

社会性是指个体进行社会交往、建立人际关系、掌握和遵守行为准则以及控制自身行为的心理特征。幼儿社会性的发展主要表现在社会行为与人际关系两个方面。

亲社会行为是指人们在共同的社会生活中表现出来的谦让、互助、协作和共享等有益于社会的行为。亲社会行为既是个体社会化的重要标志,也是社会性发展的结果。

### 一、幼儿分享观念、谦让行为的发展

分享是一种亲社会行为,是指幼儿在有他人在场时将物品公正地共同享用。分享观念是指幼儿对于他人共享物品的看法。它的对立面是多占或独占。

谦让行为是一种典型的利他行为,表现为人在对待名誉、利益、好处等问题上严以律己、宽以待人。谦让有利于人与人之间建立起和谐、友好、相互尊重的关系,减少纠纷和矛盾;但谦让并不完全等同于迁就、一团和气。

### 二、影响幼儿亲社会行为发展的因素

#### 1. 社会文化

每一种文化在赞同和鼓励亲社会行为方面显然是不同的。一项跨文化研究考察了6种文化的儿童行为,发现亲社会行为最多的幼儿来自未开化的社会,而西方社会幼儿亲社会行为得分较低。另一项研究发现,来自新几内亚这样一个合作社会的幼儿,一旦他们在西方文化中度过3年,在思考亲社会行为问题时,就会较少考虑他人而是更多地考虑自我。

#### 2. 电视媒介

电视对幼儿亲社会行为也会产生影响。例如,普里德瑞奇(1975年)等人进行了一项研究,让5~6岁幼儿观看"罗杰斯先生的邻居"节目片段,这是一个集中表现理解他人的情感、表达同情和援助的电视节目。幼儿每天观看1次,共看4天。看过节目的幼儿不

仅懂得了这一节目中的亲社会内容，而且能将其应用到其他情境中。与看中性节目的幼儿相比，看亲社会节目的幼儿学会了一些有关亲社会行为的一般规则。

美国心理学家斯普拉金通过研究也认为，亲社会性电视节目对于儿童助人行为起到了示范和促进的作用，为儿童树立了一个正面的榜样，其效果比长辈的单纯说教要有效得多。

【经典实验】

## 班杜拉儿童攻击性行为模仿实验

班杜拉在他的两项实验中证明了电视媒介对幼儿亲社会行为的最大影响。一项实验是让儿童分别观察现实中、电影中与卡通片中成人对玩偶表现出的攻击性行为，然后给儿童提供与观察相类似的情境。实验表明，观察过这三类场景的儿童都发生了类似的攻击性行为。另一项实验是将4~6岁的儿童分为两组，让他们都观看成人攻击玩偶的电影，其中一组儿童看到的电影结局是发出攻击性行为的成人受到了奖励，而另一组看到的恰恰相反。当将两组儿童带到有类似情境的地方时，发现在自发的情况下，看到发出攻击性行为受到奖赏的儿童比看到受到惩罚的儿童表现出攻击性行为的人数更多。

### 3. 父母抚养方式

这种因素的影响主要表现在两个方面：一是榜样的作用，父母自身的亲社会行为成为幼儿模仿学习的对象；二是父母的教养方式，父母良好的教养方式，会教给儿童更多社会交往的能力和技能技巧，增加亲社会行为，这是关键因素。

例如，美国加利福尼亚大学教授、心理学家鲍姆令德曾经进行了长达10年的研究，研究结果表明，孩子的个性成熟水平与父母的教养水平成正相关性。权威型父母的孩子（不分性别）在认知能力和社会交往能力发展方面都比其他两组孩子强；专制型父母的孩子发展平平；溺爱型父母的女孩在认知和社会交往能力方面得分都低于平均值，其中男孩的认知能力特别低。因此，权威型的父母教养方式对于孩子的培养和发展是最有利的。

### 4. 同伴相互作用

学前儿童有很多时间是与同伴一起进行活动的，在与同伴相互作用的过程中，他们很容易受到同伴亲社会行为的影响，而对其进行模仿。同时，由于学前儿童的辨别能力有限，有时不能分辨好的行为与不良行为。如看见别人说脏话，就会去模仿，他们只是觉得好玩，并不知道这是不文明的语言。

因此，教师要时刻关注学前儿童的群体活动，鼓励模仿亲社会行为，避免学前儿童受到不良行为的影响。

### 5. 移情

移情是指人们在对对象形成深刻印象时，当时的情绪状态会影响他对对象今后及其关系者（人或物）的评价的一种心理倾向，即把对特定对象的情感迁移到与该对象相关的人或事物上，引起他人的同类心理效应。

移情是亲社会行为的动力基础、前提或动机。Batson等人的研究发现，移情既可能导致亲社会行为，也可能由于个体的悲伤或愤怒情绪而减少亲社会行为。总的来说，儿童移情能力的发展，有利于其察觉和体会到他人的情绪，并由此产生对他人的同情，从而使幼儿在他人身处困境的时候发生亲社会行为。因此，对儿童进行必要的移情训练，培养儿童的移情能力，有利于提高其亲社会行为水平。

【经典实验】

## 同伴反应在强化幼儿攻击性行为方面的作用

1967 年帕特森等人为了研究同伴的反应在强化幼儿攻击性行为方面所起的作用，选择了 18 个男孩和 18 个女孩作为被试者，专门观察幼儿园儿童互相攻击的情况，一共观察 33 次，每次 2 个半小时。研究者分别详细记录被攻击者的反应态度以及攻击者的攻击行为。

研究表明，如果一个儿童突然冲过去抢另一个儿童的玩具，被攻击者的反应是哭、退缩或沉默的时候，那么攻击者还会用这种方式去对付其他儿童，可见消极的反应会强化儿童攻击性行为。相反，如果被攻击者立即给予反击，或成人立即制止并批评攻击行为，并要求他归还东西，可使攻击者收敛一点儿或改变这种攻击行为，再或者更换进攻的对象。不但被攻击者的行为反馈会影响攻击者的行为，同时由于被攻击者的反击阻止了别人对他的进攻，就会强化被攻击者学习进攻性行为。可见，同伴间行为的影响是交互作用的。

### 6. 物质因素

亲社会行为还会受到幼儿分享、谦让等行为所要作用的物质因素特性的影响。首先，受物品的数量影响。当分享、谦让的物品与人数相等时，几乎幼儿都有分享与谦让的行为；当物品只有一件时，能够表现出慷慨的幼儿也较多；但是随着物品数量递增之后又渐次下降，满足自我的反应渐次增多。其次，受所分享物品的性质和用途影响。当分享的是物质的东西时，幼儿更容易产生均分反应；当进行的是精神分享时，大多数幼儿能做出慷慨反应。

实验研究表明，亲社会性行为除受以上因素的影响之外，还受性别因素的影响，相比男孩，女孩更倾向于把物品完全或更多地分给自己，男孩则更倾向表现出不知道怎样处理分享物品的反应。

【案例】

一次晨间活动，教师提供给幼儿 10 个篮球、2 个圆圈和 5 个杠铃等体育玩具。教师刚说完让幼儿自由选玩具，放杠铃的地方就挤满了小朋友。有 4 名幼儿轻松获得了杠铃，另有 3 名幼儿握住了 1 个杠铃，谁也不松手。看见教师走来，有 2 名幼儿放开手去抢其他的玩具，剩下的幼儿获得了"战利品"。几分钟以后，教师发现有 1 个小男孩气势汹汹地站在一边，教师问他，他说想要杠铃，没有就不玩，什么都不玩。一会儿 1 个小女孩跑来找老师，说她也想玩杠铃。

思考：遇到这种情况时，教师应该如何解决玩具分享问题？

【案例分析】

### 培养幼儿的分享观念与行为的策略

1. 为幼儿树立榜样。示范是幼儿习得分享的一种很重要的方式。

(1) 教师和家长应该在日常的言谈举止、行为、情感态度等多个方面体现分享意识并践行。

(2) 善于挖掘同伴榜样的作用，让幼儿体验到将物品和他人进行分享的自豪和快乐，学会与同伴交流、磋商、协调，引导幼儿产生分享行为。

(3) 利用作品中的形象培养幼儿的分享认知，将文学作品中的角色、情感迁移到生活中的真实场景之中。

2. 为幼儿提供分享的机会，强化其分享行为。

3. 建立分享规则，教育幼儿学会按规则行动。

4. 家园同步，为幼儿创设良好的分享氛围。

【知识拓展】

### 幼儿谦让行为应具备的条件

葛沚云 (1991 年) 认为，幼儿的谦让行为应具备以下条件：

(1) 行为的发出者应该是自愿的；

(2) 行为的结果是有利于他人而自己相应地有所损失，是厚人薄己的；

(3) 行为的对象是幼儿自己喜爱的物品。

他在南京师大附属幼儿园的小、中、大班进行了谦让行为发展与教育的对照实验，结果显示，幼儿在未接受专门的谦让行为训练前，也就是说在日常教育影响下，他们的谦让行为水平不高，能够自觉谦让的幼儿，小班、中班、大班都不到半数，分别为 11.36%、18.37%、41.35%，但各班之间有非常显著的差异。

这说明在自然教育影响下，幼儿的谦让行为水平虽然不高，但随着年龄的增长也有所提高。实验班的幼儿经专门训练后，与实验前相比，各班的谦让行为都有所提高，特别是小、中班提高得很快。

## 第三节　学前儿童攻击性行为的发展

### 一、攻击性行为的含义

攻击性行为又叫消极的社会行为，是一种以伤害他人或他物为目的的行为。在幼儿中最突出的表现是攻击性行为。儿童的许多攻击性行为并非对对方有明确的敌意，而是为了其他目的对他人造成伤害。研究者将这两类实质上有差别的行为分别称为工具性攻击行为和敌意性攻击行为。

工具性攻击行为是指孩子为了获得某个物品所作出的抢夺、推搡等动作，这类攻击本身指向于一个主要的目标或某一物品的获取；敌意性攻击则是以人为指向目的，其目的在于打击、伤害他人，如嘲笑、讽刺、殴打等。

【小试牛刀】

幼儿早期的攻击性行为主要是哪一种？

## 二、幼儿攻击性行为的特点

幼儿攻击性行为的特点包括：

(1) 发生的原因。1岁左右就开始了攻击性行为，主要因争夺东西而产生。主要表现为：为了玩具和其他物品而争吵、打架。行为更多的是直接争夺或破坏玩具或物品。

(2) 攻击性行为的方式。幼儿更多依靠身体上的攻击，而不是言语的攻击。随着年龄的增长，身体攻击的比率逐渐下降，言语攻击所占的比率逐渐增多。

(3) 攻击性行为的类型。从工具性攻击向敌意性攻击转化。小班儿童的工具性攻击行为多于敌意性攻击行为，而大班儿童的敌意性攻击显著多于工具性攻击。

(4) 攻击性行为存在明显的性别差异。男孩比女孩更容易出现攻击性行为，且在受攻击之后还击的可能性更多。自学龄前儿童期起，男孩都比女孩表现出更强的攻击性，并且这种性别差异具有跨文化的普遍性。

在攻击的方式上，性别差异也显著，男孩较喜欢使用直接的身体攻击，而女孩则喜欢采用言语形式的攻击。

## 三、影响学前儿童攻击性行为的因素

### 1. 父母的惩罚

社会学习理论认为，幼儿的攻击性行为是其通过学习和模仿习得的。研究发现，惩罚对攻击型和非攻击型的儿童会产生不同的影响。惩罚对于非攻击型的儿童能抑制攻击性，但对于攻击型的儿童则不能抑制攻击性，反而会加重攻击性行为。因此，以惩罚作为抑制孩子攻击性行为的方法往往并不奏效，因为父母在实施惩罚的同时，又给孩子树立了攻击性行为的榜样。

### 2. 大众传播媒介

儿童不仅会从电视、电影的暴力节目中观察学习到各种具体的攻击性行为，而且更为重要的是，电视、电影人物的经历会使许多孩子将武力视为解决人际冲突的有效手段，并在现实生活中依靠攻击性行为来解决与他人的矛盾。

【经典实验】

## 观 察 与 模 仿

班杜拉曾做过一个实验：一组孩子观看成人对充气塑料娃娃的攻击行为（拳打、脚踢、口骂），另一组孩子观察成人平静地玩充气娃娃。然后让两组孩子单独玩这些娃娃，观察其行为表现。结果发现，前者攻击性行为是后者的 12 倍以上。

### 3. 强化

在孩子出现攻击性行为时，父母或教师不加制止或听之任之，就等于强化了孩子的侵犯行为。同伴之间也能学会攻击性行为，如果一个孩子成功地引用了攻击策略来控制同伴，可以加强和增加他以后的攻击性。

例如，3 岁的贝贝带着巧虎（毛绒玩具）来到幼儿园。好奇的小朋友刚要摸摸巧虎，就被贝贝咬了一下。原来，奶奶告诉贝贝说，在幼儿园要厉害点，不然会被欺负。

贝贝在幼儿园比较调皮，看见糖糖有雪花片，便趁其不备，拿走了好几片。糖糖比较内向、胆小，虽看见贝贝抢了她的雪花片，也只是默默地没有说话。后来贝贝抢糖糖玩具的情况又出现了好多次。

### 4. 挫折

攻击性行为产生的直接原因主要是挫折。挫折是人在活动过程中遇到障碍或干扰，使自己的目的不能实现，需要不能满足时的情绪状态。研究认为，一个受挫折的孩子很可能比一个心满意足的孩子更具攻击性。

对孩子来说，家长或教师的不公正对待是挫折产生的主要原因之一。因此，教师和家长在处理问题时，要保持公正的态度和方式。

## 四、如何避免儿童攻击性行为的发生

### 1. 他人情绪的正确识别

在日常生活中，老师、家长可以引导幼儿"察言观色"，让儿童知道高兴、生气、害怕、讨厌、好奇等多种情绪，正确感受他人的内心活动。例如，面对幼儿的时候，可以做出各种表情，如开心、生气、兴奋等，动作不妨夸张一点儿，给孩子当讲解员："看妈妈（老师）的表情，妈妈在笑，因为和你待在一起妈妈（老师）很开心。"丰富的表情能促进儿童的情绪发展，也能使孩子看懂别人的表情，使其走出理解他人的第一步。

其次，让幼儿看自己的表情。让幼儿观察镜子中的自己，并试图做出各种情绪表情，然后好奇地看镜子里的人有什么反应，好奇心有助于幼儿用更大的积极性去探索表情的奥秘。

最后，利用绘本等形式进行看图识表情。

### 2. 自身情绪的积极和准确表达

努力提供宣泄内心压力的多种形式和途径，让儿童宣泄其内心的紧张情绪，以减少他的攻击性行为产生的可能性。可以经常组织一些消耗能量的竞赛性游戏，特别是竞赛性体育游戏以及丰富多彩的艺术活动、游戏。

需要特别注意的是，要避免让儿童通过摔打物品的方式来发泄其内心的不满情绪，这种宣泄并不能减少儿童的攻击性行为，有可能还会在其宣泄后习得更多的攻击技能，产生更加强烈的攻击倾向。

### 3. 正面的非攻击性榜样的树立

强化儿童积极的行为，不接触或少接触攻击性行为。家长是幼儿最好的老师，父母平时的所作所为、待人接物等，都对幼儿有潜移默化的作用。此外，运用精神奖励，能有效地促进学前儿童的亲社会行为的发展，抑制儿童的攻击性行为，消除或者避免引起攻击性行为的环境因素。

### 4. 非攻击性环境的创造

在婴幼儿期，攻击的主要原因是物品的抢夺，资源的短缺会造成孩子们之间的冲突，进而引发攻击行为，所以要给孩子提供充足的物品。另外，在环境中应尽量减少具有攻击性的玩具如枪、刀等，创造一个温馨安全的氛围，以减少攻击性行为。

【知识拓展】

## 儿童分享观念的发展

周敏（1989年）等通过间接故事法研究了幼儿分享观念的发展，即先呈现给幼儿一个故事，然后问幼儿："你认为应该将物品如何分给故事中的3个人？"结果如下。

第一，幼儿时期对物品的分配，均分观念已占主导地位。4～5岁儿童均分观念增多，由不会均分到会均分；5～6岁儿童分享水平有所提高，表现为慷慨的增多。慷慨是指幼儿把物品分给他人而不分给自己，或多分给他人少分给自己。

第二，可供分享物品的多少影响幼儿的分享水平。当分享物品与分享人数相等时，几乎所有的幼儿都做出均分的反应；当分享物品只有一件时，表现出慷慨的反应最高，随分享物品数量的递增而依次下降，满足自我的反应逐渐增高。

第三，分享物品的性质和用途不同时，幼儿的分享反应也不同。完全利己的幼儿其分享反应不受物品性质的影响；正处于由利己向利他过渡的幼儿则受分享物品性质和用途的影响较大，突出表现为他们更看重吃的东西。

第四，不同性别的幼儿其分享观念的发展也有所不同。女孩比男孩更倾向于把物品完全或更多地分给自己；男孩比女孩更倾向于做出不知道该怎样处理分享物品的反应。

【案例】

有一天，小勇不小心碰倒了一位小朋友，小朋友向老师告状了。小勇平时比较顽皮，老师便不问青红皂白地训斥他："你好好反思，待会儿不准玩游戏，真是讨人嫌！"

或许小勇已经习惯了老师的态度，他并没有为自己辩护，只是后来更爱打人了，问他为什么，他脑袋一歪说："我就打，反正老师也不喜欢我。"

根据上述案例，为了减少儿童攻击性行为，教师在教学中应该注意哪些方面？

【案例分析】儿童心理发展是其发展的动因，尽量满足儿童合理的心理需要，公正地对待每个儿童，尽可能多地关注和尊重每一个儿童，让每一个儿童都有成功和表现自我的机会。

## 第四节　学前儿童同伴关系的发展

### 一、同伴关系的概念

同伴关系 (Peer Relationships) 是指年龄相同或相近的儿童之间的一种共同活动并相互协作的关系，或者主要指同龄人之间或心理发展水平相当的个体间，在交往过程中建立和发展起来的一种人际关系。

### 二、同伴关系的特点

对幼儿而言，同伴关系是一种特殊的人际关系，它具有区别于其他人际关系的特性。

(1) 平等性。同伴之间是平等的关系，没有权威和服从、高贵和低下之分。而亲子关系与师幼关系由于社会给予父母的监护角色、制度赋予教师的权威性等，都使其难以有真正的平等。

(2) 可选择性。儿童根据自己的爱好、兴趣和对方的性格特征，在周围的小朋友中自愿选择，自由结伴，自由交往。

(3) 不稳定性。由于游戏分组、活动性质、家庭住址、兴趣爱好等的变动，同伴之间的交往对象与范围也不断变化。

### 三、同伴关系对幼儿的意义

#### 1. 独生子女缺少同伴

独生子女没有兄弟姐妹，缺少一起玩耍、相互交往的同伴，这对他们的社会性的发展是极为不利的。儿童整天接触到的都是大人，在与成人交往的过程中，其实是一种不平等的关系，儿童的所有事情，都被大人们安排得井井有条，根本不需要他们自己去思考，衣来伸手，饭来张口，生存本能被弱化，没有形成生活能力。当然，还有身心早熟的隐忧，可能会形成"小大人"的性格。由此看来，学前儿童的同伴交往是很重要的。

#### 2. 同龄伙伴认知的同步性

儿童与同龄伙伴交往，能够促进其身心全方位的发展，这主要是由同龄伙伴生理、心理与认知经验的相似性决定的。

研究者曾经观察到这样的情景：两个妈妈分别抱着自己不满周岁的宝宝在一起聊天，发现两个孩子也在用无声的语言进行交流：一个宝宝笑了笑，另一个宝宝也笑了笑；一个宝宝发出了一种怪声，另一个宝宝也发出了一种怪声。由于同龄伙伴认知的同步性，让两个孩子沟通起来更容易。而我们成年人却很难了解孩子内心的所思所想。因此，儿童与同龄伙伴交往，更能够促使他们身心全方位地健康发展。

### 3.同伴交往影响的有效性

同龄伙伴认知的同步性，决定了同伴交往影响的有效性。由于同龄孩子在生理、心理的现有水平上更为接近，他们在对同一事物的认识过程、情感体验，以及目的性、自控能力等方面极易产生共鸣，尤其是在社会化行为规范的形成上，具有同步进程。

例如，当儿童间产生矛盾或冲突时，成年人总习惯这样教育自己的孩子："你是大哥哥 ( 姐姐 )，应该让着小弟弟 ( 妹妹 )。"这样的教育可能对两个儿童形成不同的影响与结果：年龄大的一方会认为，我是大哥哥 ( 姐姐 )，我只好吃亏了；年龄小的一方会认为，我是小弟弟 ( 妹妹 )，他们应该让着我。长此以往，就有可能分别形成"大哥哥 ( 姐姐 ) 性格倾向""小弟弟 ( 妹妹 ) 性格倾向"，这不利于儿童健康人际关系观的养成。

【案例】

#### 盥洗间的纠纷

小班小朋友在集体活动后休息时，有的喝水，有的上厕所。这时，厕所里传来了争执的声音："是我第一个抢到的！老师，他推我！"

"不行，我就要第一个！"

"哇！" ( 哭声 )……

原来，小朋友一起跑到厕所，由于人多厕盆少，小朋友就要排队等待入厕。可天天小朋友就是不愿等，一进去就要抢第一。其他小朋友可不乐意了，他就动起了武力。像这样的事情，几乎每天都上演好几次。

【案例分析】小班幼儿正处于自我意识萌发时期，往往会以自我为中心。他们刚刚从家庭中走出来，独占心理比较明显，往往认为什么都是我的，不会谦让；有的幼儿缺乏起码的礼貌知识，在活动中撞倒了对方，或踩痛了对方，连一句"对不起"都不说。因此，在与同伴的交往中常常发生冲突。帮助小班幼儿在生活小事中形成良好的自我意识，对其自我人格的建构和社会性发展具有深远的意义。

## 四、同伴交往的方式

### 1.游戏

游戏是学前儿童的主导活动。在同伴交往中，游戏具有其他活动不可替代的地位与作用。游戏对学前儿童心理的发展有极其重要的影响，尤其是在合作游戏过程中，儿童互相讨论情节、分配角色、确定共同遵守的规则，有时还想象能用什么东西替代情节中一定要使用的真实物品。这些都能发展儿童的感知、想象、思维、语言等能力，同时，也可以很好地促进儿童社会性的发展。

### 2. 共同活动

共同活动主要指要求幼儿园或全班小朋友共同参与的学习、劳动、体育活动等，这种活动有共同的目标、统一的意志、共同的活动内容、共同的活动过程、共同的活动结果等，它要求小朋友共同参与、相互合作，对促进儿童社会性发展非常有利。

### 3. 随机交往

在幼儿园一日生活中，除正常的集体活动之外，还有许多儿童的自由活动机会。例如，在早晨入园、傍晚等待父母的这段时间内，儿童可以和自己喜欢的小朋友一起谈话、搭积木等，这种交往就属于随机性交往。随机性交往最大的特点就是随意、随机、随便，它有助于培养儿童之间的"私人感情"，加深相互了解，进而建立各自的社会小群体。教师可以抓住教育时机，发展儿童与人交往的好习惯和技巧。

## 五、幼儿同伴关系发展的趋势

儿童的同伴关系通过相互作用的过程表现出来，这是一个从简单到复杂、从不熟悉到熟悉、从低级到高级的过程。

幼儿期，同伴互动的频率增加，并越发复杂。2 岁以后，儿童与同伴交往的最主要形式是游戏。最初他们交往的目的主要是获取玩具或寻求帮助，随着年龄的增长，幼儿交往的目的越来越倾向于同伴本身，即他们是为了引起同伴的注意，或者为使同伴与自己合作、交流而发出交往的信号。

研究表明，2 岁幼儿一般只从事单独的游戏或平行游戏，或作为旁观者。4 岁儿童多从事平行游戏，但比 2 岁幼儿表现出更多的互动和合作。随着年龄的增长，幼儿的单独游戏和平行游戏减少，而联合游戏和合作游戏逐渐增多。值得注意的是，单独游戏和平行游戏并不因儿童年龄的增长而消失，就像幼儿单独画画一样，不能将这种单独游戏视为不成熟的行为。

角色扮演给幼儿提供了发展交流能力的机会，因为幼儿要在一起商量角色、规则和游戏主题，幼儿通过扮演特定游戏剧本中各种各样的角色，增加了对扮演角色的理解，有利于幼儿社会生活的发展与进步。

## 六、影响学前儿童同伴交往的因素

### 1. 早期亲子交往经验

有专家认为，亲子交往对幼儿同伴关系有预告和定型的作用，亲子交往和同伴关系是相互影响的。

幼儿在亲子交往中不但实际练习着社交方式，而且发现自己的行为可以引起父母的反应，由此可以获得一种最初的"自我肯定"的概念。这种概念是儿童将来自信心和自尊感的基础，也是其同伴交往积极、健康发展的先决条件之一。再有，不少心理学研究指出，婴儿最初的同伴交往行为，几乎都是来自更早些时候与父母的交往。比如婴儿第一次对成人微笑和发声之后的 2 个月，在同伴交往中才开始出现相同的行为。

### 2. 儿童自身的特点

首先，性别、长相、年龄等生理因素，以及姓名，影响着儿童被同伴选择和接纳的程度。其次，儿童的气质、情感、能力、性格等个性、情感特征影响着他们对同伴的态度和在交往中的行为特征，由此影响同伴对他们的反应和其在同伴中的关系类型。

儿童自身的身心特征一方面制约着同伴对他们的态度和接纳程度，另一方面也决定着他们自身在交往中的行为方式。当然，对儿童同伴交往关系影响最大的，是儿童在交往中的积极主动性、交往行为及交往技能。

### 【知识拓展】

#### 游戏行为的种类

儿童游戏行为从简单到复杂可分为六种：随心所欲的行为、旁观者行为、单独游戏行为、平行游戏行为、联合游戏行为、合作游戏行为。

随心所欲的行为，主要是指儿童不是在做游戏，而是在注视偶尔碰到引起他兴趣的事情。例如，看到一个好玩的玩具，自己就摆弄起来。

旁观者行为，是指儿童观看其他儿童的游戏，有时还与正在游戏的儿童谈话、出主意、提出问题，但自己并不参与游戏。

单独游戏行为，是指儿童一个人专心致志地从事自己的游戏活动，根本不注意别人在干什么。

平行游戏行为，是指儿童同时各自从事自己的游戏，彼此不相互影响。

联合游戏行为，是指儿童在一起玩同样的或类似的游戏，但每个人可以按照自己的意愿玩，没有明确的组织与分工。

合作游戏行为，是指为了达到某个具体目标，多个儿童参与游戏，游戏时有领导、有组织、有分工。游戏成员有属于这个小组或不属于这个小组的明确意识。这种游戏，儿童参与社会交往的程度相对较高，有助于培养儿童的合作精神以及协调人际关系的能力。

## 第五节　学前儿童亲子关系的发展

### 一、亲子交往的概念

亲子交往是指儿童与其主要抚养人（主要是父母）之间的交往。亲子交往概念的外延是广泛的，儿童与主要养育者之间，在任何时间、任何空间、以任何方式、传递任何内容的活动，都是亲子交往。亲子交往发生在儿童生活的每一时刻，只要与孩子在一起，交往就必然发生。

亲子交往是儿童早期生活中最主要的社会关系。儿童从出生的那一刻起，就进入了一个复杂多变的社会网络中，开始与周围世界发生一定的关系和联系。亲子交往是帮助儿童从自然人走向社会人，完成其社会化进程的重要途径之一。

## 二、亲子交往的重要性

我们常说，父母是孩子的第一任教师。儿童出生以后，最初接触到的社会环境就是家庭环境，最初的社会交往就是亲子交往。

心理学界早有定论：亲子交往在儿童身心健康发展中具有不可替代的作用。亲子感情是学前儿童与父母相互交流情感的特殊反映形式，是子女对家庭能否满足自己生理、心理需要所产生的内心体验。良好的亲子关系，对学前儿童的健康成长将产生良好的促进作用。具体表现为以下几个方面。

### 1. 良好的亲子交往是儿童安全感形成的重要因素

许多心理学家的研究成果表明：童年早期只有与父母一起生活的儿童，才能在其心理深层形成一块"磐石"，人无论走到哪里，只要有这块"磐石"，他（她）的心理就是踏实的，即形成了很好的安全感。

在《帮你改掉孩子的坏习惯》一书中，有这样一则事例："2岁半，男孩。午间休息时，老师发现，他每次在床上时都拿一根棍子，睡觉时总是抱在怀里，如果把棍子拿走，他就睡不着觉。"婴儿期，儿童依恋父母（尤其是母亲），并把他们当作自己的保护伞，倘若父母过早地与婴儿分开，由于婴儿长期缺少这样的保护伞，势必要寻找一个替代物，它可以是其他人，也可以是别的东西。本例中的替代物就是棍子。

### 2. 良好的亲子交往是儿童自信心形成不可或缺的条件

社会化的过程会规范儿童的行为，使之符合社会化模式。由于儿童的自然本能，其行为中有许多并不符合社会要求，因此，就必须通过教育等，对其加以抑制。这种抑制的副作用表现在两个方面：一是对儿童的创造性发挥的抑制；二是对其自主行为的抑制。尤其是后者，对儿童的影响更大。因此，了解儿童身心发展客观规律，尊重幼儿，站在他们的角度看问题，对于父母而言，非常必要。

### 3. 良好的亲子交往为儿童提供后期人际关系的原型

日常生活中父母的行为方式、态度、言行、价值观等，都被儿童观察和模仿，儿童从中获得了大量的认识、表情、动作、话语、行为和态度等人际交往技能，随着年龄的增大，这些人际交往技能日趋丰富。当然，值得注意的是，这些被儿童观察和模仿的交往技能中，既有父母有意识给儿童模仿的，也有父母无意识被儿童模仿的；既有积极正向的，也有消极错误的。因此，作为儿童的第一任教师，父母在日常生活中要尽量注意自己的言行，重视"身教"的影响。

## 三、亲子交往的早期发展

依恋是学前儿童早期亲子交往的形式。从幼儿出生开始，就开始了对依恋对象的情感联结和行为倾向。

### 1. 依恋概念

依恋是婴儿寻求并企图保持与另一个人亲密的身体联系的一种倾向，是儿童对养育者最持久、最稳定的情感关系。这个人主要是母亲，或其他亲近的养育者。依恋对象的存在，为弱小婴儿提供了一个探索环境的安全基础。大量研究表明，婴儿对母亲的依恋与孩子的认知、情感和社会行为的发展有密切的关系。

婴幼儿依恋的发展不是突然产生的，而是在婴儿同主要照看者在较长时期的相互作用中逐渐建立的。根据鲍尔比 (John Bowlby)、埃斯沃斯 (Mary Ainsworth) 等的研究，依恋发展可分为四个阶段。

1) 无差别的社会反应阶段 ( 出生至 3 个月 )

这一阶段婴儿开始探索周围环境，尤其是人，表现为倾听、追视、吸吮、哭泣、微笑。这个时期婴儿对人的反应最大特点就是不加区别、无差别。婴儿对所有的人反应几乎都一样，喜欢所有的人，喜欢听到所有人的声音，注视所有人的脸，只要看到人的面孔或听到人的声音都会微笑、手舞足蹈、咿呀学语。

2) 有差别的社会反应阶段 (3～6 个月 )

这一阶段婴儿处于低分化阶段，对人的反应有了区别，对母亲与他所熟悉的人及陌生人的反应不同，婴儿对母亲更为偏爱。婴儿在母亲面前表现出更多的微笑、咿呀学语、偎依、接近；而在其他熟悉的人面前时，这些反应就要相对少一些；面对陌生人时，这些反应则更少，但依然有这些反应。

3) 特殊的情感联结阶段 (6 个月至 2 岁 )

此阶段婴儿开始出现积极寻求与特定照看人的联系并拒绝他们离去的倾向。婴儿特别愿意和母亲在一起，当母亲离开时，哭喊着不让离开，别人不能替代母亲 ( 或特定照看人 )。同时，只要母亲在身边，婴儿才能安心玩、探索周围环境。婴儿形成了专门的对母亲的情感联结。

与此同时，婴儿对陌生人的态度变化很大，产生怯生，感到紧张、恐惧，甚至哭泣。7～8 个月时，婴儿形成对父亲的依恋。再以后，与主要抚养者的依恋关系进一步加强，儿童依恋范围进一步扩大。以后随着学前儿童进入集体教养机构，儿童还会对老师形成依恋情感。

4) 目标调整的伙伴关系阶段 (2 岁以后 )

2 岁以后，幼儿能够认识并理解母亲的情感、需要、愿望，知道她爱自己，不会抛弃自己，这时与母亲空间上的邻近性就变得不那么重要了。如果母亲需要干别的事情，需要离开一段距离，幼儿会表现出能理解，而不会大声哭闹。

### 2. 依恋的类型

(1) 安全型依恋。与妈妈分离时，幼儿会哭泣或表现出不安，但能较快安静下来；哭闹或受惊吓时，妈妈的安慰能让他很快安静下来；妈妈回家时表现出高兴，喜欢与妈妈一起玩，愿意和妈妈分享玩具或食品；去新的环境，刚开始比较拘谨，但不长时间就可自在地玩耍；能在妈妈身边独立玩耍；在妈妈的鼓励下，能放松地在陌生环境下表演节目，和陌生人玩耍或说话。

这类儿童具有较强的探索欲望，能主动与别的小朋友分享玩具，友好地一起玩耍。

(2) 回避型依恋。妈妈回家，仍专注自己的活动，很少表现出高兴的样子；对妈妈的离开漠不关心，很少表现出哭泣、不安的情绪；很容易让不熟悉的人带出去玩；与妈妈在一起时，很少关注妈妈在做什么；不会主动寻求妈妈的拥抱或与妈妈亲近；不怕生。

这类儿童容易出现外显的行为问题，如攻击性比较强，经常抢夺别的儿童的玩具，欺负别的小朋友等。

(3) 矛盾型依恋。幼儿喜欢缠着妈妈，不愿意自己一个人玩耍；与妈妈分离时，表现出强烈的不安，哭闹不停，很难平静下来，即使在家中，也很难接受陌生人的亲近；在不熟悉的环境中，虽父母在身边，仍表现得很拘谨，不愿独自玩耍；与妈妈重聚时，紧紧依偎在妈妈身边；哭闹时，得花很长时间才能平静下来。

这类儿童容易出现内隐的行为问题，如情绪抑郁、胆小、退缩，缺乏好奇心和探索欲望等。

## 四、影响亲子交往的因素

亲子关系中，父母相对儿童来讲处在亲子关系的主动地位，父母的想法、观念和行为，将对孩子产生极大影响，是学前儿童将来人际交往、社会适应能力发展的基础。

### 1. 父母的人格特征及对儿童发展的期望

研究者发现，母亲的人格特征影响亲子交往的过程。抑郁的母亲，其积极的语调、提问、解释、建议更少，容易忽视孩子的要求，更有可能使用控制的手段，对孩子的暗示较少做出反应；相反，开朗的母亲则与孩子的互动较多，较为积极，较能注意到孩子的需求。

脾气暴躁的人容易成为专断型的父母，而对孩子发展抱有极高期望的父母也往往采用高控制的教养方式；相反，脾气温和、性格平稳的父母比较容易接受孩子的行为和态度，如果对子女发展抱有较高期望，则很可能成为权威型父母，而对子女将来不抱太大希望的父母，则可能放任孩子，表现出过分宽容的态度。

### 2. 父母的教育观念、教育水平、社会经济地位

父母不同的教育观念影响着父母对幼儿的教育。受教育程度高的父母，大多能以比较民主的态度与孩子交往；而受教育程度低的父母，虽说都是为了自己的孩子好，但问题在

于，他们并不知该如何教育，也没有教育观念意识。陶沙等人 (1994) 研究发现，母亲的教育程度和职业，对其教育方式有显著影响。受教育程度高的母亲，在教育孩子时更多地使用说理方式，给予孩子一定的自由。

### 3. 父母之间的关系状况

父母关系和睦、婚姻幸福，幼儿与父母的沟通就会多一份正能量，能更好地交流和沟通，促进亲子关系的良好发展；而父母关系不和睦，会使幼儿缺乏安全感和归属感，导致心理需要的缺失。

## 第六节　学前儿童师幼关系的发展

### 一、师幼关系的概念

师幼关系是指幼儿教师与学前儿童在保教过程中形成的比较稳定的人际关系。它是一种"教学"关系，带有明显的情感性特征。师幼关系状况对幼儿自身发展具有重要意义。

### 二、师幼关系的类型

李红结合我国当前幼儿园的实际，将师幼关系概括为以下三种类型。

#### 1. 亲密型

班级中与教师关系亲近的儿童，多是积极追随教师的思路，并且能够控制自己行为、遵守班级规则的孩子，教师耐心教导鼓励他们，有较多直接的身体或目光接触，彼此建立了依恋感，形成了亲密、融洽的师幼关系。

#### 2. 紧张型

过度活跃、经常出现纪律问题的儿童，一般在师幼关系中处于被拒绝的消极状态，教师对行为习惯不良的儿童表现得不够耐心、态度生硬，从而造成师幼之间感情疏远，甚至紧张、对立。很多教师往往习惯于用批评和责备去矫正孩子的过错行为，而忽视情感的交流。

#### 3. 淡漠型

乖巧的、听话的和调皮的孩子会得到更多教师的关注，处于中间的孩子，则容易被教师忽略，使幼儿产生被漠视、被忽略的感觉，进而产生疏离感。

### 三、建立良好师幼关系的策略

#### 1. 建构有效师幼互动的前提：创设自由宽松的环境

创设一个能使幼儿想说、敢说、喜欢说、有机会说并能得到积极应答的环境，是建构良好师幼互动的前提。如果幼儿始终处于一种被强迫、紧张的气氛中，只会产生负面的影响。如果幼儿连自己的基本想法都无法表达，就谈不上所谓的互动。

(1) 丰富的物质材料，为幼儿提供自由的操作空间。

教育家杜威曾经说过："儿童有调查和探索的本能，好奇、好问、好探究是儿童与生俱来的特点，也是使他们的认识活动得以维持和获得成功的首要前提。"丰富的物质材料能满足幼儿内在的需要和兴趣，刺激他们的探索行为，诱发其自主活动。同时，在幼儿自由操作的过程中，师幼互动显得自然而充分。

(2) 宽松的情感氛围，为幼儿提供充分的交往空间。

教师与幼儿间的情感交流，对幼儿主动积极地参加活动有着非常重要的作用。例如，晨间接待环节，就是孩子们与老师充分互动的美好时光。前一天晚上看的动画片、爸爸妈妈给买的新衣服、来园路上看到的见闻等，都是可以交流的话题，教师的认真聆听和积极反馈，不仅会让老师深入了解幼儿的内心，同时也会让幼儿觉得老师很在意自己，从而更愿意与老师交流。

### 2. 建构积极有效师幼互动的基础：充分发挥幼儿的主体地位

保持学前儿童的主体地位，教师就要摆正自己的位置，把自己当成幼儿的朋友，走进幼儿的心中，了解幼儿心中真正想要的是什么，并能从幼儿的真实需要出发，满足他们的需求。

(1) 抓住兴趣，善加引导。

兴趣是一切活动顺利进行的引导线，学前儿童的活动要以兴趣为主。因此，教师要在日常生活中仔细观察儿童的兴趣点是什么，并及时捕捉住，加以引导。

(2) 尊重幼儿，进行赏识教育。

教育家陶行知先生曾经指出："教育孩子的全部秘密在于相信孩子和理解孩子。"而相信孩子、理解孩子首先要赏识孩子。从出生起，孩子就是一个独立的个体，有着自己独立的意志和个性，有权利得到他人的尊重。经常得到老师赏识的孩子，往往对自己充满自信和自尊，也能以更高的热情去接受新的事物。

通过一日生活的仔细观察，我们不难发现，每个儿童都有他独特的表现：有的语言表达能力不好，但手工相当精巧；有的绘画水平差，但身体活动能力强……因此，作为教师，要以赏识的眼光看待每一位幼儿，在游戏过程中，对幼儿进行有目的、有意识的引导，让每位儿童在不同程度上得到发展，展示各自独特的才能。

### 3. 建构有效互动的关键：教师深入、有效的参与和引导

受到无意注意和表象性思维等特点的影响，学前儿童对事物的探索往往缺乏深度。因而，教师要善于发挥教育机智，通过观察和思考，用巧妙的方法引导幼儿深入探究；教师要积极地运用切合教学实情的应变决策，善于去挖掘、去开发，发现既定计划之外的、更有价值的东西，从而让教育教学活动更契合幼儿的发展规律。

总之，和谐师幼关系的创建，要以人为本、贴近孩子，把自主还给孩子，促进每个孩

子的主体性、自主性、创造性不断地生成与发展。

【案例】

## 别让"步骤"毁了角色游戏

在一个中班中，幼儿们正在玩"医院"的游戏。一个幼儿扮演医生，其他幼儿扮演病人。只见这个小医生带着迷你听诊器，在给一个"患者"看病。"你生了什么病？""我头疼。""先张开你的嘴，我看看，应该是感冒了。"小医生又说："再量量体温，好，发烧了。吃药吧，下一个！"游戏一直这样重复进行着。这时，来了一个一瘸一拐的"患者"说："医生，我的腿断了，好疼啊！"小医生从来没接待过这样的"患者"，一时愣住了，过了一会儿，对他说："先张开你的嘴。""可是我的腿好疼。""那再量量体温吧。"……

上面的案例中，幼儿只是机械地重复游戏的步骤，缺少对医生角色的知识经验，同伴间也没有真正的交流。因而，教师应注意在进行游戏前对幼儿知识经验的铺垫，游戏中适当地介入和指导，游戏后及时进行总结等。

## ▶▶ 本章考点

### 名词解释

(1) 同伴关系；(2) 亲子交往；(3) 师幼关系；(4) 依恋；(5) 攻击性行为。

## ▶▶ 课后习题

### 一、单项选择题

1.亲子关系通常被分为三种类型：民主型、专制型和(　　)。

A. 放任型　　　　　　　　B. 溺爱型

C. 保护型　　　　　　　　D. 包办型

2.教师和幼儿能否建立良好关系，关键在于教师能否正确地看待幼儿，即(　　)。

A. 是否树立了正确的儿童观

B. 是否树立了正确的师生观

C. 是否树立了正确的教学理念

D. 是否树立了正确的知识观

3.中班幼儿告状现象频繁，这主要是因为幼儿(　　)。

A. 道德感的发展　　　　　B.羞愧感的发展

C. 美感的发展　　　　　　D. 理智感的发展

4.渴望同伴接纳自己，希望自己得到老师的表扬，这种表现反映了幼儿(　　)。

A. 自信心的发展　　　　　B. 自尊心的发展

C. 自制力的发展　　　　　D. 移情的发展

5. 幼儿园社会教育的核心在于发展幼儿的 (    )。

A. 人际关系 　　　　　　　B. 社会性行为规范

C. 社会性 　　　　　　　　D. 社会文化

6. 幼儿园促进幼儿社会性发展的主要途径是 (    )。

A. 人际交往 　　　　　　　B. 操作练习

C. 教师讲解 　　　　　　　D. 集体教学

7. 在陌生环境实验中，妈妈在婴儿身边时婴儿一般能安心玩耍，对陌生人的反应也比较积极，婴儿对妈妈的依恋属于 (    )。

A. 回避型 　　　　　　　　B. 无依恋型

C. 安全型 　　　　　　　　D. 反抗型

8. 幼儿看见同伴欺负别人会生气，看见同伴帮助别人会赞同，这种体验是 (    )。

A. 理智感 　　　　　　　　B. 道德感

C. 美感 　　　　　　　　　D. 自主感

9. (2015 年上半年《保教知识与能力》) 幼儿如果能够认识到他们的性别不会随着年龄的增长而发生改变，说明他已经具有 (    )。

A. 性别倾向性 　　　　　　B. 性别差异性

C. 性别独特性 　　　　　　D. 性别恒常性

10. 让脸上抹有红点的婴儿站在镜子前,观察其行为表现,这个实验测试的是婴儿 (    ) 发展。

A. 自我意识 　　　　　　　B. 防御意识

C. 性别意识 　　　　　　　D. 道德意识

11. 著名的"哨兵持枪姿势"实验主要是研究幼儿的 (    )。

A. 坚持性 　　　　　　　　B. 目的性

C. 暗示性 　　　　　　　　D. 果断性

12. 学前教育过程中最基本、最重要的人际关系是 (    )。

A. 教师与儿童的关系 　　　B. 教师与家长的关系

C. 教师与教师的关系 　　　D. 家长与儿童的关系

13. 在商场 4～5 岁的幼儿看到自己喜爱的玩具时，已不像 2～3 岁那样吵着要买；他能听从成人的要求，并用语言安慰自己："家里有许多玩具了，我不买了。"对这一现象最合理的解释是 (    )。

A. 4～5 岁幼儿形成了节约的概念

B. 4～5 岁幼儿的情绪控制能力进一步发展

C. 4～5 岁幼儿能够理解玩其他玩具同样快乐

D. 4～5 岁幼儿自我安慰的手段有了进一步发展

## 二、简答题

1. 影响在园幼儿同伴交往的因素有哪些？

2. 简述幼儿社会学习的指导要点。

3. 父母陪伴对幼儿健康成长有何意义？

### 三、论述题

论述积极师幼关系的意义，并联系实际谈谈教师应如何建立积极的师幼关系。

### 四、材料分析题

小班入园第二周，王老师发现小雅在餐点与运动后，仍会哭着要妈妈。老师抱她，感觉她身体绷得很紧，问她要不要去小便，她摇头。老师又问："要不要去大便？"她点头。老师牵她到卫生间，她只拉了一点就离开了。过一会儿，她又哭了。老师给她新玩具，并和她一起玩游戏，但她的情绪还是不好。离园时，老师与她妈妈约谈，了解到小雅在幼儿园拉不出大便。

第二天早操后，小雅又哭了，老师蹲下轻声问："小雅是想上厕所了吗？"她点头。老师带她去上厕所，她又只拉一点就站起。"老师陪你多蹲一会儿，把大便都拉出来，好吗？"小雅又蹲下，但频频回头。这时，自动冲厕水箱的水"哗"地一声冲水，小雅"哇哇"大哭，扑到老师身上。老师紧紧地抱住她，轻柔地说："老师抱着你，好吗？"老师将水箱龙头关小，把小雅抱到离冲水远一点的位置蹲下，小雅顺利拉完大便。连续一段时间，老师们轮流陪小雅上厕所，并指导她观察、了解水箱装满水会自动冲水清洁厕所。小雅渐渐适应了幼儿园的厕所，笑容回到了脸上。

问题：请分析上述材料中教师的适宜行为。

### 【思考与实训】

设计观察中班幼儿攻击性行为频率的表格，下园记录并分析男孩的攻击性行为和女孩的攻击性行为有何不同。

### 【开放式问答】

有的老师喜欢自己设计教案，有的老师喜欢直接从网上抄。对此，你怎么看？

### 【德育角】

中共中央总书记、国家主席、中央军委主席习近平在给北京科技大学老教授的回信中强调，继续发扬严谨治学、甘为人梯的精神，坚持特色、争创一流，培养更多听党话、跟党走、有理想、有本领、具有为国奉献钢筋铁骨的高素质人才，促进钢铁产业创新发展、绿色低碳发展，为铸就科技强国、制造强国的钢铁脊梁作出新的更大的贡献！

# 参 考 文 献 ·

[1]  张文军. 学前儿童发展心理学 [M]. 长春：东北师范大学出版社，2017.

[2]  陈帼眉. 学前心理学 [M]. 北京：北京师范大学出版社，2002.

[3]  汪冬梅，朱浩，罗秋怡. 学前儿童发展心理学 [M]. 上海：同济大学出版社，2002.

[4]  王小英. 学前儿童心理学 [M]. 长春：东北师范大学出版社，2015.

[5]  张俊燕，任秀萍. 学前心理学 [M]. 北京：首都师范大学出版社，2022.

[6]  刘万伦. 学前儿童发展心理学 [M]. 上海：复旦大学出版社，2019.

[7]  黄瑾，田方. 学前儿童数学学习与发展核心经验 [M]. 南京：南京师范大学出版社，2015.

[8]  潘月娟. 学前儿童数学教育与活动指导 [M]. 北京：高等教育出版社，2013.

[9]  施燕，何敏，张婕. 学前儿童科学学习与发展核心经验 [M]. 南京：南京师范大学出版社，2021.

[10]  刘吉祥，刘慕霞. 学前儿童发展心理学 [M]. 长沙：湖南大学出版社，2012.

[11]  吴荔红. 学前儿童发展心理学 [M]. 福州：福建人民出版社，2014.

[12]  金芳，保教知识与能力 [M]. 4 版. 上海：华东师范大学出版社，2021.

[13]  陈美荣. 学前教育心理学 [M]. 北京：北京师范大学出版社，2015.

[14]  张丹枫. 学前儿童发展心理学 [M]. 北京：高等教育出版社，2014.

[15]  陈帼眉. 学前儿童发展心理学 [M]. 北京：北京师范大学出版社，2013.

[16]  周念丽. 学前儿童发展心理学 [M]. 上海：华东师范大学出版社，2014.

[17]  姜晓燕. 学前儿童游戏教程 [M]. 2 版. 北京：教育科学出版社，2018.

[18]  翟习霞. 学前教育概论 [M]. 武汉：华中师范大学出版社，2013.

[19]  张丽霞. 学前儿童发展心理学 [M]. 武汉：华中师范大学出版社，2016.

[20]  孟青春. 学前教育心理学 [M]. 沈阳：辽宁大学出版社，2013.

[21]  贾云秋. 学前儿童心理发展 [M]. 北京：北京理工大学出版社，2019.

[22]  孟祥蕊，刘文，车翰博，等. 3～5 岁幼儿情绪调节策略类型倾向与执行功能的关系 [J]. 学前教育研究，2020.07.

[23]  彭攀，陈鹤琴. "活教育" 课程理论研究 [D]. 湖南师范大学，2009.